귀차니스트 즈보라의 아침밥

요리 오다 마키코
글 오노 마사토
번역 최유진

효형출판

일러두기

이 책의 외래어 표기는 국립국어원 외래어표기법을 따랐으나
관용적인 독음과 동떨어진 경우 절충하여 실용적으로 표기하였다.

안녕하세요. 즈보라예요.

아침이 괴로운 전, 귀차니스트입니다.

아침에는 그저 1분이라도 더 자고 싶은 마음뿐이지요.

아침밥이요?

음… 안 먹어요.

먹는다 해도 TV를 보면서

토스트에 대충 잼을 발라 때우는 정도랄까요.

어떻게든 배만 채우면 됐지 뭐, 그렇게 생각합니다.

자, 그럼 오늘 하루도 파이팅!

1
2
배고파….
3
7,200원입니다.
아, 고기만두도 하나 주세요.
4
우물우물
우물우물
달칵 달칵
점심 먹으러 가자~
시끌시끌
5
수고했어요!
내일 봐요.
6
7
다녀왔습니다.
쾅
즈보라
8
냐옹
즈보라 씨에게
아~ 피곤해~
9
부스럭 부스럭
냐옹
누구지? 보낸 사람 이름이 없는데….

안녕하세요, 처음 인사드립니다.
전 아침밥이라고 합니다.
이런, 벌써 잘 준비를 하시는 건가요?
혹시 저에게 5분,
딱 5분만 내주지 않으시겠어요?

그 5분으로 당신의 내일을
행복하게 만들어드릴게요.

내일 아침이 기다려지는
잠자기 전 5분 사용법

'내일 뭐 입지?' 밤마다 이런 생각을 하며 옷장을 열어 보곤 하지요. 아침
밥도 똑같습니다. '내일 아침에 뭐 먹지?' 하고 내일 아침 메뉴를 떠올려
보세요. 밤에 미리 만들어둘 수 있는 메뉴를 골랐다면 부디, 미리 준비해
둔 다음 잠자리에 들길 바랍니다.
'내일 아침에 일어나면 과일 샌드위치가 날 기다리고 있어!' 이렇게 생각
하는 것만으로 당신의 '배 속 알람'이 작동해 내일 아침 눈이 번쩍 뜨일
거예요.

메뉴를 골라둔다

먹으면 기분이 좋아지는 음식,
최근에 먹은 적 없는 음식,
만들어보고 싶었던 음식, 부족한
영양을 보충해줄 음식. 뭐든지
좋습니다. 잠자기 전, 팔랑팔랑
페이지를 넘기며 다음 날 아침
메뉴를 고르는 습관을 들여보세요.

미리 준비해둔다

이 책에는 전날 밤 준비해둘 수 있는
레시피가 잔뜩 실려 있답니다. 즐거운
아침을 맞이할 수 있도록 맛있는 음식을
미리 챙겨봅시다.

게으름 피울 수 있는
3가지 요령

귀찮음을 극복하기 위한 무기는
바로 즐거운 기분입니다. 이 책에
담긴 레시피는 여러분이 아침밥을
만드는 내내 즐거움을 느낄 수 있도록
만들어졌습니다. 여기에 더해 지금
소개하는 3가지 요령만 기억하면
게으름을 피우면서도 맛있는 아침밥을
먹을 수 있답니다.

설거지 줄이기

머그잔에 바로 수프를 만들면 쓸데없
는 설거짓거리가 줄어듭니다. 그 밖에
도 주먹밥을 접시에 낼 때 밑에 깻잎을
깔면 밥풀이 그릇에 달라붙는 걸 막을
수 있지요.

불 쓰지 않기

불을 쓴다는 건 곧 프라이팬 같은 조리 도구를 쓴다는 것! 굽고, 볶고, 씻는 시간을 단축해 재료 그대로의 맛을 즐길 수 있는 요리를 만들어봅시다. 전자레인지가 우리를 도와줄 거예요.

도마 쓰지 않기

아침부터 도마를 쓰다니요. 한두 번 자르는 정도라면 키친타월을 사용하는 것도 좋은 방법입니다. 손으로 찢거나 주방용 가위를 사용하면 부엌칼 쓰는 일을 줄일 수 있지요.

아침밥 트레이를 만들자

아침밥을 더 즐겁게 먹기 위한 방법! 바로 냉장고에 특별한 자리를 만들어두는 겁니다. 빵이나 요거트 같은 아침밥 재료를 트레이에 정리해서 모아두면 부족한 재료를 금방 알아챌 수 있지요. 이렇게 하면 장 보러 갔을 때 '요거트를 거의 다 먹었지' 하는 생각이 자연히 떠오르고, 결과적으로 아침밥 먹는 습관을 더 쉽게 들일 수 있답니다.

차례

월요일의 아침밥

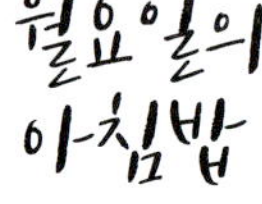

한 손으로 먹는 아침밥

○○만 하면 되는 아침밥

건강해지는 아침밥

아기자기 예쁜 아침밥

바쁜 하루를 끝마친 밤,
잠들기 전에 읽어주세요

'내일 아침에는 맛있는 걸 먹어야지.'

이 설레는 기분보다 더 강력한 자명종이 있을까요? 유난히 지치고 힘든 하루를 보냈다면 오늘 있었던 일들은 모두 잊어버리고 내일의 아침밥을 생각해보세요. 맛있는 아침밥을 상상하는 동안 배가 고파져도 조금만 참길 바랍니다. 눈을 감고 잠들면 아침은 순식간에 찾아오니까요. 분명 그 허기가 내일 아침 기분 좋게 침대에서 벗어나게 하는 원동력이 되어줄 거예요.

들어가기 전에

- 책에 표시된 1큰술은 15ml, 1작은술은 5ml, 1컵은 200ml입니다.
- 만드는 법에 '뚜껑을 덮는다'는 말이 없다면 뚜껑을 열고 조리해주세요.
- 불 조절과 가열 시간은 요리의 완성도를 좌우하는 중요한 포인트이기 때문에 빨간색으로 강조했습니다.
- '후다닥' 표시는 5분 이내 만들 수 있는 평일 추천 메뉴입니다. '미안해요' 표시는 6분 이상 걸리는 메뉴로, 휴일과 전날 밤에 만드는 것을 추천합니다.
- 전자레인지는 600W 기준입니다. 500W 전자레인지 사용 시 가열 시간을 1.2배 정도 늘려주세요. 기종이나 제조사에 따라 차이가 있으므로 조리 상태를 살펴가며 조절해주세요.

내일 아침엔

뭐 먹지?

월요일의 아침밥

'무언가 새로운 일을 하고 싶다.'

'나를 바꾸고 싶다.'

생각만 할 뿐 첫걸음을 떼기가 귀찮고 피곤해서 계속 미루고 있지는 않나요? 이럴 때 효과적인 것이 '시작의 시간'이라는 스위치입니다. 가장 자주 만날 수 있는 시작의 시간은 바로 일주일의 시작, 월요일이지요. 여기서는 건강한 한 주를 보내게 해줄 '월요일의 아침밥'을 준비해봤습니다. 기분을 새롭게 바꿔줄 뿐 아니라 주말인 일요일 밤에 평소보다 여유 있게 다음 날 아침을 준비할 수 있으니 월요일엔 꼭 아침을 챙겨 드시길 권합니다. 다음 날 아침을 미리 챙겨놓으면, 우울한 기분으로 눈뜨곤 했던 월요일 아침에도 '어서 일어나서 어젯밤 만들어둔 아침밥을 먹어야지!' 생각하며 스스로도 놀랄 정도로 기분 좋게 일어나게 될 거예요.

별세계 핫 샌드위치

그냥 먹어도 맛있지만 구우면 180도 다른 맛의 세계가 펼쳐지는
핫 샌드위치. 핫 샌드위치는 꼭 프라이팬에 굽습니다. 토스터로
구우면 빵이 휘어져 예쁘게 구워지지 않지만, 프라이팬에서는
휘어지지 않도록 눌러가면서 구울 수 있기 때문이지요. 또 열이
표면에만 전달되기 때문에 겉은 바삭바삭, 속은 촉촉한 핫
샌드위치가 완성된답니다.

미안해요
8 min

만드는 법

식빵 2장 사이에 재료를 끼우고
반으로 자른 다음, 자른 단면이
마주 보도록 프라이팬 위에
놓고 중불에 맞춥니다. 양면이
노릇노릇하게 구워질 때까지
2~3분씩 구워줍니다.

핫 샌드위치 세계 탐험

자, 여러분. 여기를 봐주세요. 겹겹이 쌓아 올린 핫 샌드위치의 아름다운 단면을! 이 아름다운 단면을 만드는 비법은 바로 '자른 뒤 굽는 것'. 구운 뒤 반으로 자르면 단면이 찌그러지고 말지요. 비법을 알았다면 이제 남은 건 샌드위치 안에 무엇을 넣을까 고민하는 일뿐.

햄+마요네즈+프렌치토스트

햄과 마요네즈를 식빵 사이에 넣고 반으로 자릅니다. 계란물(달걀 1개, 우유 2큰술)에 적신 후 버터를 올린 프라이팬에 구워줍니다. 맛있다, 맛있어!

토마토+바질 페스토+치즈

짭짤한 치즈와 새콤한 토마토, 여기에 향긋한 바질까지. 바질 페스토는 하나 구입해두면 요긴해요. 요리에 변화를 가져다준답니다.

햄+치즈+홀그레인 머스터드

치즈가 주르륵 흘러내리게 만드는 비법은 바로 슬라이스 치즈 3장을 아낌없이 넣는 것!

콘비프+양파+홀그레인 머스터드+마요네즈

핫 샌드위치를 굽는 동안 콘비프에서 나온 기름이 양파에 배어드는데 이게 압권! 여기에 홀그레인 머스터드와 마요네즈를 더하면 지루할 틈이 없답니다.

아보카도+훈제 연어+치즈

마트에서 얇게 썬 훈제 연어를
발견했다면 이 샌드위치를 만들
기회! 식빵에 마요네즈를 얇게
바른 다음 아보카도→소금→
훈제 연어→치즈 순으로 얹으면
단면이 예쁘게 나옵니다.

소시지+피자 소스+
피자 치즈

소시지는 길게 반으로 자르고
치즈는 50g, 피자 소스는 듬뿍
2큰술을 올려줍니다. 간단하고
맛있지요.

낫토+쪽파+치즈+간장

1권에서는 토스트로 소개했던
조합이죠. 이번에는
샌드위치로 만들어봤습니다.
솔직히 고백하자면, 샌드위치
쪽이 더 먹기 편하더군요.

베이컨+마요네즈+양배추

양배추는 전날 밤 미리 채
썰어둡니다. 굽는 동안 살짝
풀이 죽은 양배추의 달콤함은
전날 밤의 수고를 잊게
해준답니다.

Hot Sandwiches' Hills

마시멜로+말린 과일

마시멜로는 손으로 찢어주세요.
쫄깃쫄깃한 '탄력'을 즐길 수
있는 독특한 샌드위치랍니다.

단팥+견과류+크림치즈

단팥→견과류→크림치즈
순으로 올려주세요. 붕어빵과
비슷한 맛이랄까요? 맞아요,
맛있다는 이야기입니다.

시판 감자 샐러드

감자 샐러드에 치즈와
겨자를 조금 더하면 단번에
고급스러운 맛으로 레벨 업!
구우면 더 부드러워진답니다.

포켓 샌드위치

식빵 테두리를 잘라내고 끝부분
에 우유를 바른 후 손가락으로 꾹
꾹 누르면서 사방을 막아주면 포
켓 샌드위치 완성! 포켓 샌드위치
는 구우면 붙인 부분이 떨어지니
그대로 먹는 걸 추천합니다.

따끈따끈한 샌드위치가 먹고 싶긴 하지만 만들기가 귀찮죠. 그럴 땐 편의점에서 사 온
샌드위치를 프라이팬에 살짝 굽기만 합니다. 아침부터 차가운 편의점 샌드위치를 먹어야 한다는
슬픔이 맛있는 요리를 먹는 행복으로 바뀌는 마법이랍니다. 쉿, 사실은 그냥 요령입니다.

밥, 동그라미에서 네모의 시대로

네모 밥의 활약

냉동 보관을 자주 하는 분들은 특히 주목해주시길 바랍니다.
여러분, 지금까지 밥을 얼릴 때 아무 생각 없이 동그란 모양으로
만들진 않았나요? 이제부터는 두께 1cm, 휴대전화 정도 크기의
네모 모양으로 얼려보세요. 모양 하나만 바꾸었을 뿐인데
냉동실에 넣을 때도 차곡차곡 쌓을 수 있어 자리를 많이 차지하지
않고, 해동할 때도 덜 녹는 부분 없이 골고루 데워집니다. 네모난
모양을 이용해 간단하게 여러 요리를 만들 수도 있지요.

후다닥

5 min

밥 짓는 시간 제외

네모 주먹밥

네모 밥을 전자레인지에 해동한
다음, 속 재료를 밥 한가운데 얹고
김으로 돌돌 말면 끝. 랩을 바닥에
깔고 만들면 설거짓거리도 제로!

네모 밥 활용법

보통 냉동 밥과 별다를 것 없어 보이지만
실제 요리에 사용해보면 얼마나 편리한지 알 수 있답니다.

고기 말이 주먹밥

얇게 썬 삼겹살 4장으로 얼린 네모 밥을
감쌉니다. 참기름을 둘러 달군 프라이팬에
아래위로 2분씩 구운 다음, 물 4큰술, 설탕 1큰술,
간장 4작은술을 섞은 소스를 넣고 4분 정도
끓이면서 고기에 잘 배어들게 합니다. 취향에
따라 겨자를 곁들여줍니다.

계란 덮밥

얼린 네모 밥 위에 날계란, 멘츠유(麵汁,
일본 간장), 손으로 대충 찢은 김을 넣고
전자레인지에 돌리기만 하면 완성.
노른자가 전자레인지 안에서 터지지 않도록
미리 세 군데 정도 구멍을 내줍니다. 랩 없이
2분~2분 30초 정도 돌려주세요.

치즈 도리아

버터를 넣고 달군 프라이팬에 얼린
네모 밥을 아래위로 2분씩 구우면서
표면이 노릇노릇해질 때까지
기다립니다. 우유 1/2컵, 한입 크기로
자른 베이컨 2장과 치즈를 듬뿍 넣은
다음, 치즈가 다 녹을 때까지 뚜껑을
덮고 익혀줍니다. 오븐 없이도 맛있는
도리아를 만들 수 있답니다.

계절을 담은 잉글리시 머핀 달력

1 월

설날 해돋이 머핀

명란젓과 무, 무순으로 만드는 새해 첫날의 아침.
올 한 해도 잘 부탁드립니다.

2 월

로맨틱 머핀

밸런타인데이의 달콤새콤한 느낌을
초콜릿과 딸기, 휘핑크림으로 표현해봤습니다.
민트를 곁들이면 단번에 어른의 사랑으로!

5 월

잉어 깃발 머핀

일본에서는 남자아이들의 성장과 출세를 기원하며
잉어 모양 깃발, 고이노보리(鯉のぼり)를 매답니다. 빵에
마요네즈를 바르고 오이, 햄을 올리면 흐트러지지 않아요.

6 월

수국 머핀

블루베리잼과 코티지치즈로 만든 꽃에
어린 잎 채소로 만든 줄기와 잎.
벌써 장마가 찾아온 것만 같은 기분이 드네요.

9 월

가을 머핀

버터와 간장을 넣고 양송이버섯을 볶아보세요.
가을의 맛이랍니다.

10 월

할로윈 머핀

단호박에 설탕과 버터를 더해 더 든든하게!
부끄러워할 필요 없어요. 다 함께 Trick or Treat!

아침으로 무조건 밥을 고집하는 분들이라도 한 달에 한 번 정도는 빵을 먹어보는 건 어떨까요?
잉글리시 머핀은 간단하게 당신의 아침에 변화를 가져다주거든요. 기왕이면 매달 1일을 '계절 머핀의 날'로
정해보세요. 짭짤한 재료일 때는 마요네즈, 달콤한 재료일 때는 버터를 발라주면 맛있답니다.

스크램블 에그+스노우피+바지락 조림 머핀

여자아이들의 행복을 기원하는 일본 전통 축제,
히나마쯔리(ひな祭リ)의 화려함을 연출해봤습니다.

벚꽃 소금 절임+크림치즈+단팥+녹차 가루 머핀

머핀 위에 흩날리는 벚꽃의 짭짤함이
팥의 달콤함을 한층 더 끌어 올려줍니다.

세멸치+건새우+다시마 간장 절임+치즈 머핀

야호! 해수욕의 계절이니 바다를 먹어야겠죠.
짭짤한 세멸치와 빵이 의외로 잘 어울린답니다.

몽블랑 머핀

일본에는 8월에 '산의 날'이 있습니다. 하얗게 눈 내린
산, 몽블랑을 표현해봤습니다. 화이트 아스파라거스와
마요네즈의 부드러운 맛이 일품이지요.

사과+건포도 머핀

사과를 버터에 볶으면 달콤함이 한층 더 진해지죠.
살짝 뿌린 아몬드가 포인트!
사과 타르트 같은 맛이랍니다.

크리스마스 머핀

초록 브로콜리, 빨간 게맛살에 홀그레인 머스터드와
마요네즈를 더해 크리스마스 트리를 만들어보아요.

삶은 계란 6단 활용법

누구나 자기 자신을 바꾸고 싶은 마음이 들 때가 있습니다.
하지만 사람은 쉽게 바뀌지 않지요. 그런데 삶은 계란은 간단하게
여러 모습으로 변신할 수 있습니다. 그렇지만 맛에는 변함이
없죠. '모습은 변해도 본질은 변하지 않는다.' 이 점은 사람도 삶은
계란도 마찬가지네요. 참고로 반숙을 좋아하는 분은 상온에 둔
계란을 끓는 물에 넣고 8분, 완숙을 좋아하는 분은 12분 동안
삶아주세요.

후다닥

삶는 시간 제외

둥글게 둥글게

참기름과 간장을 뿌리고
무순을 얹으면, 반찬 하나
뚝딱.

살살 으깨기

삶은 계란을 손으로 으깨 샐러드
토핑으로! 간단해서 더 맛있어요.

반으로 자르기

물 1/2컵에 굴소스 4큰술, 식초
1큰술, 참기름 1작은술, 후추 조금을
넣고 껍데기 깐 삶은 달걀을 담가
한나절 정도 재워두면 완성!

삐약삐약 계란

흰자 가운데를 빙 둘러 지그재그로
칼집을 낸 다음, 뚜껑을 열어서
노른자에 검은깨 두 개를 콕콕.
귀여워라!

대충 쪼개기

대충 손으로 쪼갠 다음 마요네즈를
곁들이면 끝. 이것만으로도 이렇게
맛있다니, 뭔가 분할 정도랍니다.

양념에 재우기

깨끗이 잘린 단면에
깨소금+우스터소스 혹은
고추기름+소금 등의 양념을
뿌려줍니다.

삶은 계란은 정말 훌륭한 음식이죠. 맛있는 데다가 변화무쌍한
매력까지. 뭐, 저는 그런 활용법을 안다 해도 그냥 먹어버릴
테지만요. 그래도 한 번쯤 해볼까나?

달콤 짭짤 계란말이

계란말이를 왜 달짝지근하게 만들어야 하냐고 묻는 당신,
그 달콤함에 숨은 가능성에 주목해주시길 바랍니다.
단촛물(식초+설탕+소금+물)을 섞은 밥과도 잘 어울리기 때문에
해산물 덮밥에 올리고, 저녁에는 간장에 콕 찍어서 술안주로
곁들일 수 있지요. 물론 도시락 반찬으로도 최고입니다. 시간이
남는 여유로운 아침에는 누구나 좋아하는 달콤 짭짤 계란말이를
꼭 만들어보세요.

계란말이 완벽 레슨

계란말이 만들기를 어려워하는 분들을 위해 한 번 배워두면 평생 도움이 될,
실패 없는 레시피를 소개합니다. 시간은 좀 걸려도 만들어두면 세끼 내내 먹을 수 있으니
결과적으로는 시간을 단축하는 것일지도!

미안해요
15 min

재료(1~2인분)

달걀 … 4개
A | 설탕 … 2큰술
  | 간장 … 2작은술
  | 물 … 1큰술
식용유 … 적당량

만드는 법

볼에 달걀을 깨 넣고 잘 풀어준 다음 A를 넣는다. 계란말이 팬을 중불에 달군 뒤, 키친타월에 식용유를 적셔 팬에 골고루 바른다. 불 밖으로 팬을 옮긴 다음 계란물을 한 국자 붓는다. 다시 불 위에 올려 테두리가 굳기 시작하면 고무 주걱으로 바깥쪽 부분을 살살 뗀다.

고무 주걱을 이용해 바깥쪽에서부터 안쪽으로 세 번 접는다.

접은 계란을 바깥쪽으로 옮긴 뒤, 안쪽에 다시 식용유를 바르고 팬을 불 밖으로 옮겨 계란물을 한 국자 조금 안 되게 붓는다.

프라이팬을 기울여 구워진 계란 아래까지 계란물이 스며들게 한다. 불 위에 올려 30초 정도 그대로 둔 다음 고무 주걱으로 주변 테두리를 살살 떼어놓는다. 다시 계란을 안쪽으로 세 번 접는다. 이 과정을 계란물이 다 떨어질 때까지 반복한다.

표면이 노릇노릇해지면 호일 위로 옮긴다. 잘 말아 모양을 잡은 뒤 식을 때까지 그대로 둔다.

오래된 카페의 계란말이 샌드위치

달짝지근한 계란말이와 겨자 마요네즈가 훌륭하게 어우러지는 계란말이 샌드위치. 씁쓸한 커피와 함께 먹으면 그 순간만큼은 마치 외국의 오래된 카페에 와 있는 듯한 기분을 느낄 수 있습니다.

식감깡패 소시지

듣기만 해도 행복해지는 소리가 있지요. '펑' 폭죽이 터지는 소리,
'졸졸' 시냇물이 흘러가는 소리, '철썩철썩' 파도가 부서지는 소리.
이런 소리들에 견주어도 결코 뒤지지 않는 소리가 바로, 소시지를
한입 베어 물었을 때 나는 '뽀드득!' 소리입니다. 하지만 집에서
소시지를 먹을 때는 좀처럼 이런 소리가 나지 않지요. 이제 더 이상
고민할 필요 없습니다. 냄비에 펄펄 끓인 뜨거운 물 3컵에 찬물
반 컵을 넣고 약불에 맞춥니다. 이렇게 하면 물 온도가 80℃ 정도
되는데 이때 소시지를 넣어 삶으면 한 방에 해결된답니다.
자, 어디 한번 크게 베어 물어볼까요? 뽀드득!

재료(1~2인분)

소시지 … 6개
홀그레인 머스터드
… 1~2작은술

만드는 법

1 냄비에 물 3컵을 붓고 끓으면 찬물 1/2 컵을 넣는다.
2 소시지를 넣고 약불에서 3분간 끓인다.
3 소시지를 꺼내 그릇에 담고 홀그레인 머스터드를 곁들인다.

식감
마이스터의
연구
기록

내가 그 유명한 식감 마이스터라오.
지금부터 나의 오랜 연구 결과를 발표하겠네.
주의 깊게 들어주게.

바삭바삭♪ 베이컨 진행곡

베이컨은 바삭바삭한 식감이 포인트!
바삭거리는 식감을 살리기 위해서는
베이컨 자체에서 나오는 기름으로
구워야 한다네. 그 말인즉슨 기름을
따로 두를 필요가 없다는 것이지. 그래,
무언가를 할 때는 먼저 자신의 힘으로
해보는 것이 중요하다네.

아삭말랑♪ 햄 기상곡

햄은 탄력 있으면서도 말랑말랑하지.
햄을 반으로 접어 3장 이상 겹쳤을
때 이 매력은 극대화된다네. 여기에
햄과 궁합이 잘 맞는 양상추를 더하면
무적의 식감 '아삭말랑'이 완성되지.

전날 밤 다 먹어버리지 않도록 주의

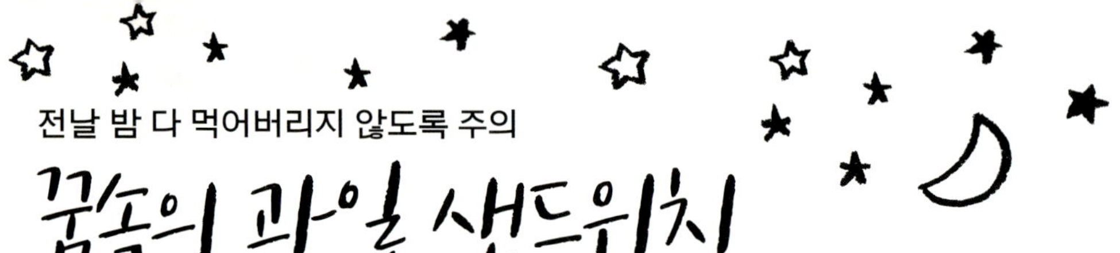

꿈속의 과일 샌드위치

"아침에 먹는 과일은 금"이라는 말이 있습니다.
진부한 표현이지만 사실이랍니다. 과일에 포함된 '과당'은 몸에 부담을 주지 않으면서 흡수, 소화되는 효율 좋은 에너지원이기 때문이죠. 과일 샌드위치의 제일 좋은 점은 밤에 준비를 끝내놓으면 아침에는 먹기만 하면 된다는 것입니다.
아침을 기다리다 못해 꿈속에서 다 먹어버리게 될지도!

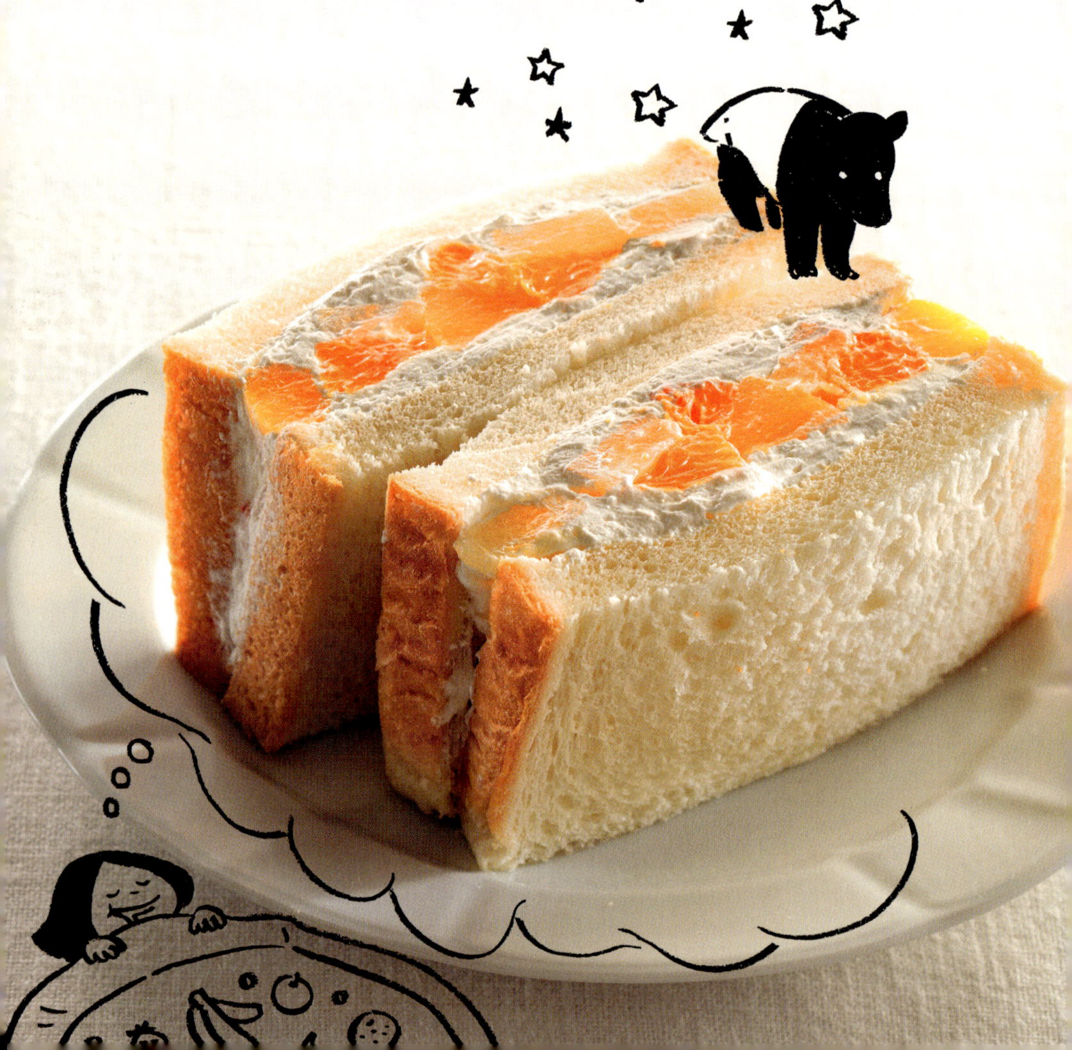

재료(1인분)

식빵 … 2장
과일 통조림 … 100~120g
휘핑크림 … 48g

만드는 법

1 통조림 국물은 버리고 과일만 건져낸다.
2 식빵에 휘핑크림 절반을 바르고 1을 올린다.
3 다른 식빵에 남은 휘핑크림을 바르고 2를 덮는다.

꿈을 선택하는 과일 샌드위치

딸기+민트+연유

새콤달콤한 딸기와 상쾌한 민트, 부드럽고 달콤한 연유까지. 그야말로 청춘의 맛이네요. 좋아하는 상대의 마음을 알 수 없어 괴로웠던 그 시절로 돌아가게 될지도 모릅니다.

바나나+코코아+메이플 시럽+버터

바나나와 코코아는 최고의 단짝입니다. 함께 울고 웃으며 뜨거운 우정을 나눴던 나의 친구들. 오늘 밤 꿈속에서 오랜 친구들을 만나게 될지도 모르겠네요. 메이플 시럽 대신 휘핑크림을 넣어도 맛있답니다.

오늘 밤 어떤 과일 샌드위치를 만들어두느냐에 따라 머릿속에 남는 이미지가 달라질 거예요. 자, 오늘은 어떤 꿈을 꾸게 될까요?

사과+건포도+마요네즈+요거트

마요네즈와 플레인 요거트 각 1큰술에 설탕 1작은술을 넣어 만든 '마요 요거트 소스'가 사과의 단맛을 끌어 올려줍니다. 상쾌한 바람이 부는 들판으로 소풍 가는 꿈을 꿀 것만 같아요.

엉터리 콤포트

이 메뉴는 전날 밤에 미리 준비해두는, 시간의 마법이 필요한
요리입니다. 원래 콤포트는 잼처럼 설탕을 넣고 졸여 만들지만
엉터리 콤포트는 훨씬 간단합니다. 과일 껍질을 손으로 벗기거나
칼로 깎아 알맹이만 남긴 뒤, 설탕과 레몬즙을 뿌려 냉장고에
하룻밤 재워둡니다. 재우기 전에 먼저 한 조각만 집어 먹어보세요.
설탕의 단맛과 레몬즙, 과일의 산미가 입 안에서 따로 놀지요?
하지만 다음 날 아침 다시 한 조각 집어 먹었을 땐 분명 깜짝
놀라고 말 겁니다. 단맛과 신맛이 단짝 친구가 되어 있을
테니까요. 우리가 잠든 사이 무슨 일이 있었던 게 분명합니다.
그러니 엉터리 콤포트를 만들 때는 꼭 한 조각 미리 집어 먹어볼 것!
이것도 준비 과정의 하나랍니다.

한밤의 요정 대작전

우리가 잠든 사이, 이 요정들이 콤포트에 맛있는
마법을 부리는 모양입니다. 냉장고 안을 살짝 들여다볼까요?

설탕물 요정

미리 만들어둔 설탕물에
여러 과일을 퐁퐁 집어넣는
요정이랍니다.

설탕 뿌리기 요정

사각 트레이 속 늘어놓은
과일에 솔솔 설탕을 뿌리는
요정이에요.

밍밍한 과일을 맛있게

물 3컵에 설탕 100~120g(물 분량의 약 20%)을 넣고
잘 섞은 다음 중불에 올려 2~3분간 끓입니다. 불을
끄고 굵직굵직하게 썬 과일(400~500g)과 얇게 썬
레몬(반 개)을 넣습니다. 완전히 식으면 밀폐 용기에
옮겨 담습니다. 사과, 딸기, 살구, 복숭아 같은
장미과 과일이 특히 잘 어울립니다. 과일이 달지
않을 때는 설탕물을 만들어 퐁당 담가보세요. 10일
동안 보관할 수도 있습니다.

"주말에 자몽을 산더미처럼 쌓아두고 껍질을 벗기는 것에 집중하다 보면 마음이 편안해지고 즐겁다"고
오다 마키코 선생님이 말씀하셨죠. 저 같은 귀차니스트는 도저히 범접할 수 없는 경지랄까요. 그래서
전 껍질 따위 벗길 필요 없는 딸기로만 만듭니다. 물론 저도 꼭지 정도는 제거한답니다.

달콤×상큼×바삭

상상 초월 선데이 아이스크림

바나나는 그냥 먹어도 맛있지만 쿠키와 아이스크림을 더하면
훨씬 맛있어지지요. 이번에 소개하는 선데이 아이스크림은 3가지
재료가 한데 어우러져 한 가지 재료만으로는 상상할 수 없는 맛을
보여준답니다.
옛날 미국의 한 가게에서 시럽을 얹은 아이스크림을 일요일에만
판매한 까닭에 '선데이 아이스크림'이라는 이름이 유래했다고
합니다. 지금은 언제라도 먹을 수 있지만 말이에요.

후다닥
3 min

아이스크림×바나나×
초코 샌드 쿠키

정석 중의 정석이죠. 3가지 재료가
마치 한 몸처럼 어우러집니다. 매일
먹는 평범한 바나나인데도 줄어드는
게 아쉽게 느껴질 정도랍니다.

오늘은 어떤 조합?

무엇을 넣을지 고민된다면 아래 목록을 참고하세요.
의외의 조합으로 새로운 맛을 발견하게 될지도 모릅니다.

1 아이스크림	×	**2** 과일	×	**3** 과자
딸기 아이스크림		딸기		전병
망고 셔벗		사과		그래놀라
초콜릿 아이스크림		귤		젤리
녹차 아이스크림		복숭아		초콜릿
커피 아이스크림		포도		견과류
요거트 아이스크림		수박		감자칩

아이스크림×파인애플×파이 과자

'생각보다 잘 어울리네?'로 시작하지만
눈 깜짝할 사이 그릇이 텅 비게 되지요.
열대 과일의 달콤함이 아침부터 당신을
남쪽 나라로 데려다줄 거예요.

아이스크림×키위×크래커

이렇게 한번 생각해보세요. 키위는
비타민 C 영양제라고. 이제 살찔 걱정
없이 맛있게 먹을 수 있겠죠?

우리는 삼총사
어떻게 골라도
맛있지요!

아침밥 대논쟁

Q 역시 아침엔 밥을 먹는 게 좋겠죠?

A 취향과 그때그때 기분에 따라 달라지는 게지.

애초에 무조건 뭐가 최고라는 생각은 말이지, 한쪽의 장점만
강조하면서 다른 한쪽의 장점을 무시할 때 생기는 거야. 밥은 든든함이
오래가고 영양을 골고루 섭취할 수 있다는 장점이 있지. 하지만 양식
역시 간단하게 먹을 수 있다는 장점이 있다고.
요즘 젊은이들에겐 시각적인 면도 중요한 포인트가 될 수 있겠지. 어떤
것이든 '이거다!' 하고 급하게 정해버릴 필요는 없어. 찬찬히 살피고
모든 것을 즐기려는 태도가 중요하지. 이게 바로 행복한 아침밥을 위한
첫걸음이라네.
자, 그럼 나도 아침을 먹어볼까나. 오늘의 아침밥은…
뭣 에스닉 요리라고?! 말도 안 되는 소리!

Q 아이들이 무조건 좋아할 아침밥을
알려주세요.

A 아이들에게 '무조건 맛있는
아침'이란 없어요.

저희 어머니 이야기를 들려드릴게요. 아버지는
고집스런 사람이지만 어머니는 참 현명한
분이시죠. 제가 어렸을 때 아침을 먹기 싫다며
생떼를 부렸다고 합니다. 그때 어머니는 단
한 번도 강요하지 않으셨어요. 어느 날 아침,
저에게 그릇을 건네시고 음식을 담게 하셨죠.
다른 날 아침에는 토스트에 초콜릿 펜으로
그림을 그리게 하셨습니다. 지금 생각해보면
어머니는 알고 계셨던 것 같습니다. 아이들에게는
'맛'보다 '재미'가 중요하다는 사실을 말입니다.
아이들이 아침밥을 즐길 수 있도록 만들어주는 게
우선입니다.

Q 밤보다 아침에 섭취해야 더 좋은
영양소는 무엇인가요?

A 굳이 고르자면…

단백질이죠. 자는 동안 활동을 하지 않아
체온이 내려간 몸을 따뜻하게 만들기 위해서도
단백질을 꼭 섭취해야 합니다.

넌 아직도 멀었구나. 단백질보다 더 중요한
영양소가 있다는 것을 잊은 게냐.

단백질보다 더 중요한 영양소라니
그게 도대체 뭔데요?

바로 당분이다! 아침에는 몸에 에너지가
부족한 상태지. 즉시 에너지원으로 사용할 수
있는 당분이 꼭 필요하다고.

무조건 섭취해야 하는 필수 영양소라고요?
한 가지 영양소만 가지고 무조건이라고 단정
짓다니 아버지도 꽤 편협한 시각을 가지게
되셨군요.

뭣이야?

영양에 있어서 무조건이 어디 있습니까. 제일
중요한 건 균형이죠!

이놈이! 균형은 당연한 거지. 굳이 입 아프게
말할 필요도 없다.

한 손으로 먹는
아침밥

한 손으로도 먹을 수 있는 주먹밥이나 빵은 아침밥 중에서도 특히 간편한 메뉴에 속합니다. 밥상을 차릴 필요 없이 어디에서 어떤 자세로든 먹을 수 있기 때문이지요.

옷을 고르면서 냠냠.

창 밖의 날씨를 확인하면서 우물우물.

점심 도시락을 만들면서 우적우적.

신나게 춤을 추면서도 먹을 수 있답니다. "밥 먹는 태도가 그게 뭐니" 하고 잔소리 듣는다 해도 괜찮아요. 하루를 시작하기 전, 오늘도 성실하게 살아갈 나를 위한 자유 시간을 만들어보세요. 한 손으로 먹는 아침밥에는 간편함과 함께 이런 철학이 담겨 있습니다. 귀찮은 설거짓거리가 생기지 않는 것도 장점이랍니다.

상냥한 주먹밥

주의할 점은 밥을 '꽉꽉'이 아니라 '살살' 뭉치는 것입니다.
밥그릇에 랩을 깔고 밥을 80g 정도 올려놓습니다. 소금을 두 꼬집
뿌리고 랩 가장자리를 하나로 모아 밥을 뭉쳐줍니다. 동그랗게
뭉쳐진 밥을 조물조물 삼각형 모양으로 만들어줍니다. 이때 꽉꽉
힘을 주면서 각진 삼각형을 만드는 게 아니라, 가볍게 뭉쳐주면서
둥글둥글한 삼각형을 만드는 게 포인트! 이렇게 하면 아침에도
부드럽게 넘어가는 상냥한 주먹밥이 완성되지요.
입 안에서 부드럽게 풀어지고 모양도 예쁜 주먹밥이랍니다.

주먹밥 시리즈 55

"편의점 삼각 김밥도 이제
지겨워요."
이런 분들 주목해주세요!
여기 55가지 맛 주먹밥을
준비해봤습니다. 익숙한
재료도 조합에 따라 전혀 다른
모습을 보여줄 때가 있답니다.
소금 간은 취향에 따라
맞춰주세요.

1

올리브오일+후추

고소한 올리브 향과
자극적인 후추 향의 원투 펀치.

2

참기름+푸른 차조기 잎

절대 강자 김을 뒤쫓는
새로운 풍미의 주인공, 차조기!

3

카레 가루

상상하는 것보다
더 진하게 느껴지는 카레의 풍미.

4

후추+치즈 가루

익숙한 재료들이지만
전혀 다른 맛을 느낄 수 있습니다.

5

차조기 잎 가루

일본에서 오래도록 사랑받은
차조기 잎 가루에 도전해보세요.

6

참깨+검은깨

참깨와 검은깨가 만나
고소함이 두 배.

매실 장아찌+파래 가루

국물 없는
오차즈케 느낌이랍니다.

구운 어묵+유즈코쇼

유즈코쇼(柚子胡椒, 유자 후추)의
상큼함과 어묵의 짭짤함이 일품.

구운 명란젓

명란젓은 속이 촉촉한 상태로 남아
있도록 반 정도만 구워줍니다.

참치+마요네즈

직접 만드는 참치 마요가 훨씬
맛있답니다.

김치

간단하지만 의외로 쉽게 떠올리지
못하는 방법이지요.

명란젓+마요네즈

이 조합을 싫어하는 사람이
과연 있을까요?

다시마 간장 절임+참깨

톡톡 씹히는 참깨와 꼬들꼬들한
다시마 간장 절임의 만남.

김 조림+시치미*

톡 쏘는 시치미가 달콤한 김 조림을
돋보이게 해준답니다.

닭꼬치 통조림+마요네즈+
산초 가루

이것은 고급 닭꼬치집 특제 주먹밥!

* 시치미(七味): 고춧가루, 산초 가루, 김, 깨 등 7가지 재료를 섞은 일본 조미료

연어 플레이크+김

연어는 사실 흰 살 생선이랍니다.
크릴새우를 먹고 붉어졌을 뿐!

미소 된장+고춧가루

고춧가루가 미소 된장을
반찬으로 변신시켜요.

간장+가다랑어 포

고양이에게 뺏기지 않도록
조심하세요!

세멸치+마요네즈+
푸른 차조기 잎

이건 보통 멸치 주먹밥이 아닙니다.

미소 된장+크림치즈+
푸른 차조기 잎

이름하여 크림 된장! 양념계에
파란을 불러일으킬 신조합 등장!

팽이버섯 조림+쪽파

팽이버섯 조림은 언제나 맛있지요.

짜사이+간 생강

왜 편의점에서 팔지 않는지
의문이 들 정도랍니다.

볼에 밥과 재료를 함께 넣고 섞는 스타일의 주먹밥은 맛있지만 설거짓거리가 생길 수밖에 없죠. 그래서 저는 아예 밥솥에 재료를 넣고 섞습니다. 아무래도 많이 만들게 되니까 남은 주먹밥은 냉동실에 얼려둡니다. 미안해요, 엄마. 저는 이렇게 자라버리고 말았어요….

단무지+마요네즈+시치미

단무지의 식감과 마요네즈의 감칠맛.
시치미는 취향껏 뿌려주세요.

냉동 닭튀김

닭튀김 도시락의 주먹밥 버전.

냉동 슈마이+겨자

냉동 슈마이(중국식 만두)가
이렇게 맛있었나요?

미역+세멸치+참깨

세멸치 안에 새끼 문어가 섞여 있으면
왠지 기분이 좋아요.

김+세멸치+미소 된장

세멸치 안에 새끼 게가 섞여 있으면
왠지 기분이 좋다니까요!

김+슬라이스 치즈

맛과 향의 결혼식에 오신 것을
환영합니다 .

푸른 차조기 잎+단무지+검은깨

남녀노소 모두가 좋아할 만한
맛이랍니다.

쪽파+짜사이

쪽파의 풍미가 진하게 느껴집니다.

쪽파+참치

참치: 마요네즈 말고도 저와 잘
어울리는 짝이 있었군요!

구운 스팸+김+
홀그레인 머스터드

스팸이라서, 스팸이니까,
스팸이기에 가능한 맛!

미역+유즈코쇼

향긋한 유자 냄새가 솔솔.
'향'도 훌륭한 조미료랍니다.

미역+매실 장아찌

싱싱한 미역이 입 안에서
춤을 추는 맛입니다.

김+명란젓

말이 필요 없는 조합이지요.
혹시 업무 제휴라도 맺은 걸까요?

푸른 차조기 잎+
매실 장아찌+참깨

여름이 되면 생각나는
상큼한 맛입니다.

푸른 차조기 잎+연어 플레이크

연어 플레이크는 주먹밥 위에 올리는
것보다 밥과 섞는 편이 더 맛있어요.

쪽파+콘비프

이 주먹밥이라면
몇 개라도 먹을 수 있어요.

오카카조유*+다시마 간장 절임

이 주먹밥을 먹으면
저는 고향집이 떠올라요.

오카카조유+
매실 장아찌+고추냉이

가장 인기 있는 주먹밥 재료에
고추냉이를 더하면? 중독되는 맛!

* 오카카조유(おかかじょうゆ): 가다랑어 포 간장 버무림

오카카조유+견과류

별거 없어 보이지만 고소한
견과류를 넣으면 맛이 풍부해져요!

갓+참기름+참깨

오, 신이시여!
갓김치가 괜히 갓이 아니라니까요.

차조기 열매

도시락 분위기가 확 밝아지는
파릇파릇 주먹밥.

슬라이스 치즈+김

슬라이스 치즈로 감싼 주먹밥을
김으로 감싼 더블 포장 주먹밥.

오보로콘부 :

바다의 풍미가 진하게 느껴지는
맛이랍니다.

케첩+참치 오므라이스

보기만 해도 저절로 흐뭇해지는
주먹밥입니다.

생강 초절임+검은깨

타코야키 파티를 벌인 다음 날
잔뜩 남은 생강 초절임으로 이
주먹밥을 만듭니다.

매실 장아찌+찐 풋콩

풋콩의 진정한 맛을 느낄 수 있는
요리 방법, 바로 주먹밥입니다.

3만 5000명의 신

일본 속담에는 쌀알에 7명의 신이
살고 있다는 말이 있습니다. 주먹밥
하나면 거의 3만 5000명이!

---

* 시바즈케(しば漬け): 교토의 명물로 불리는 채소 절임
: 오보로콘부(おぼろ昆布): 초에 불린 다시마를 얇고 가늘게 깎아낸 것

시바즈케*+검은깨

시바즈케의 짭짤하고 새콤한 맛이
밥의 단맛을 돋보이게 합니다.

옥수수 통조림+
버터+간장+후추

옥수수, 옥수수, 달콤한 옥수수!

생햄+바질

고기 말이 주먹밥의 생햄 버전.

숯불고기용 간장 소스+
양상추 말이

보이지 않는 고기가 느껴진다…!

구운 베이컨+겨자

일견 평범해 보이지만
맛은 결코 평범하지 않답니다.

감자칩

일단은 구운 김 맛 감자칩부터.
그다음은 자유롭게 도전해보세요!

채소 스틱

아작아작 오독오독
채소를 먹어요.
아작아작 오독오독
한 손으로 먹어요.
아작아작 오독오독
어라? 이상하네.
채소만으로도 든든한 기분.
아작아작 오독오독
꼭꼭 씹으니까 배도 든든하지요.

우리가 바로
채소 스틱
4대 천왕!

아작 아작 오독 오독

주키니 호박

생으로 먹을 수 있다는
놀라운 사실. 영양도 만점!

오이

뛰어난 지방 분해 효과에
주목하시라~

파프리카, 당근

비타민 E에 식이 섬유까지
영양도 풍부, 색깔도 알록달록!

이쉽게
낙선한 후보들

양상추

후두둑 떨어져 한 손으로
먹기에는 좀…

무

껍질을 벗겨야
하더라고요

순무

스틱으로 먹기는
어렵더군요

하지만 맛은 절대 뒤지지 않는답니다. 기회가 있다면 한번 만들어보시길!

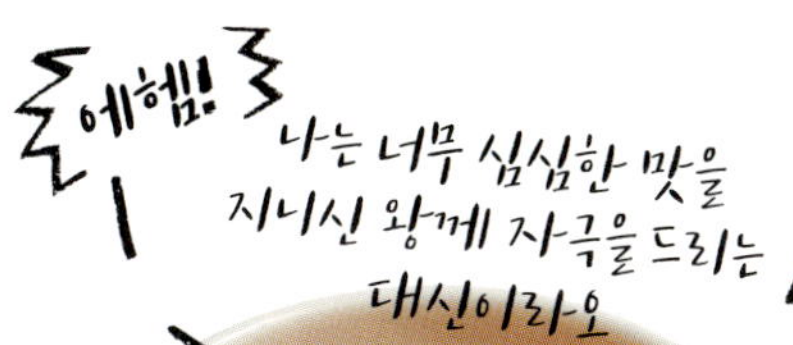

딥 소스
대신들의 고민

요거트+카레 가루+소금

플레인 요거트 3큰술, 소금과
카레 가루 각 1/2작은술, 식용유
1작은술로 매운맛 완성.

두부+명란젓

두부와 명란젓 비율은 1:1
여기에 식용유를 살짝 더하면
더 부드럽지요.

간 무+마요네즈+고추냉이

간 무와 마요네즈 2큰술씩. 여기에
고추냉이 1/2작은술을 더해줍니다.
마요네즈의 진한 맛을 정리해주는
깔끔한 맛.

마요네즈+간 생강+꿀

마요네즈 3큰술과 꿀 2작은술.
여기에 생강 1작은술을 더하면
허니 마요 진저 소스.

케첩+마요네즈+
홀그레인 머스터드

케첩 2큰술, 마요네즈 1큰술,
홀그레인 머스터드 1작은술.
맛이 없을 수 없겠죠?

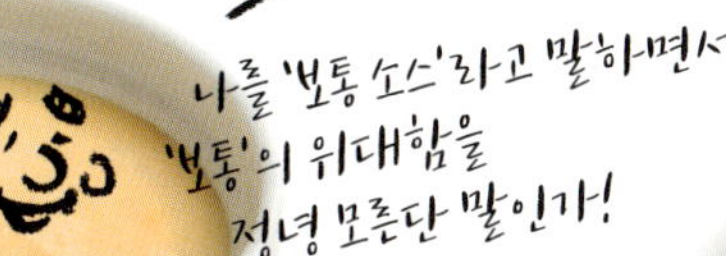
전 설거지를 최대한 안 하고 싶기 때문에 딥 소스는 소금으로 대신합니다. 소금에 카레 가루와
설탕을 한 꼬집씩 섞어주기만 하면 '아니 이건!' 하는 감탄이 절로 나올 정도로 맛있다는 사실.
달콤 짭짤한 그 맛에 도저히 손을 멈출 수가 없어 결국 회사에 지각하고 말았습니다.

갓 쪄도 맛있고 식어도 맛있는
말랑말랑 중국식 찐빵

프라이팬으로도 중국식 찐빵을 만들 수 있답니다.
짭짤한 반찬과 잘 어울리는 심플하고 말랑말랑한 찐빵이죠.
심플하기 때문에 취향에 따라 응용도 자유자재! 예를 들어,
레시피의 식용유 2작은술을 버터로 바꾸면 반죽의 단맛이 살아
있는 서양 스타일 찐빵으로 변신하지요. 우유를 토마토 주스로
바꾸면 빡빡한 식감의 귀여운 핑크색 찐빵으로 변신하지요.
이 역시 중국식 찐빵의 매력 포인트랍니다. 아침부터 나만의
개성을 선보일 기회! 자, 오늘은 어떤 찐빵을 만들어볼까요?

재료(4개분)

A | 박력분 … 100g
  | 베이킹파우더 … 2작은술
  | 설탕 … 1큰술
  | 소금 … 조금
우유 … 60g
식용유 … 2작은술

만드는 법

1 볼에 A를 전부 넣고 섞은 다음, 가운데 홈을 파고 우유를 붓는다.
  홈 가장자리를 무너뜨려 가루가 반 정도 우유에 잠기면 식용유를 넣고
  잘 섞는다.

2 적당히 뭉쳐지면 3분 정도 잘 반죽한다.

3 반죽을 랩으로 감싸고 실온에서 20분간 숙성시킨 뒤 4등분해 둥글린다.

4 프라이팬(20cm)에 식용유 1작은술을 두르고 4등분한 반죽을 올린다.

5 중불에서 3분간 구운 다음, 물 3/4컵을 붓는다.

6 뚜껑을 덮고 중불에서 8~9분간 찐다.

✓ 반죽이 손에 들러붙을 때는 밀가루를 묻혀주세요.

찐빵 반찬 컬렉션

밥처럼 먹을 수 있는 찐빵을
반찬과 함께 먹어보세요.
프라이팬은 이미 찐빵으로
가득 차 자리가 없으니
익히지 않고도 먹을 수
있는 채소를 곁들여봅시다.
반죽에 넣는 기름에
따라 잘 어울리는 채소도
바뀐답니다.

SIDE DISH
COLLECTION

참기름

오이

무

무순

버터

양상추

어린잎 채소

당근

올리브오일

토마토

파프리카

셀러리

크래커니까!

봉지를 열면 단 몇 초 만에 사라져버리는 크래커.
이렇게 아무 생각 없이 입 안에 털어 넣고 나면 왠지 허무한 느낌이
들지요. 걱정 마세요. 크래커는 무엇이든 그 위에 올리기만 하면 더
맛있어지는 마법의 과자니까 말이죠. 다 같이 마법의 크래커 위를
자유롭게 꾸며볼까요?

크림치즈+견과류+마멀레이드

치즈+햄+푸른 차조기 잎+
홀그레인 머스터드

어제 남은 감자 샐러드

슬라이스 치즈+초콜릿

크림치즈+김+명란젓

크래커와 나

오다 마키코

어린 시절, 저희 집에는 1년에 한 번 아침에 크래커를 먹는 날이 있었습니다. 그날이 되면 저는 평소보다 일찍 일어나 크래커에 올릴 재료들을 준비했죠. 재료 준비가 끝나면 다음 차례는 방 꾸미기! 그리고 마지막으로 가족들을 깨우곤 했지요. 1년에 한 번뿐인 이날은 바로 아버지의 생신날이었답니다. 그래서 저에게는 무척 특별한 의미가 있는 메뉴예요.

일식 오픈 샌드위치

'바게트에는 무조건 햄과 치즈지. 아니면 잼 정도?'
바게트 위에 이런 뻔한 재료들만 올리고 있지 않나요?
그런 분이라면 일식 바게트에 도전해보시길 바랍니다.
의외의 조화에 놀라게 될지도!

후다닥
5 min

＊ 후쿠진즈케(福神漬): 가지, 무, 차조기, 표고버섯, 무말랭이 등 7가지 채소로 만든 일본의 대표적인 장아찌

오픈 샌드위치 세계지도

요즘에는 동네 슈퍼마켓에서도 해외 식재료를
쉽게 구할 수 있지요. 그렇다면 세계로 눈을 돌려봅시다.
아침부터 해외여행 어떤가요? 출발!

오이+삶은 닭고기+
파프리카+고수

[치킨 라이스풍]

입 안에서 확 퍼지는 고수의 향이
당신을 태국으로 데려다줄 거예요.

태국

대만

다짐육+숙주+건새우+고수

[고기 덮밥풍]

고기와 해산물을 넉넉하게 올리면
일품요리 못지않답니다.

호주

메이플 시럽+버터+건포도

눈 딱 감고 버터를 잔뜩
발라보세요. 누구나 좋아할 만한
달콤한 맛이니까요.

소시지+사워 크라우트+
홀그레인 머스터드

꼭 휴일에 먹어야 하는
위험한(?) 샌드위치랍니다.
자꾸만 맥주가 마시고 싶어지니
말이죠.

독일

터키

오이+얇게 썬 소고기 구이

간이 밴 소고기에 매콤한 향신료 쿠민
파우더와 파프리카 파우더를 뿌려주면?
간단 케밥 완성. 요거트, 올리브오일과도
잘 어울린답니다.

이탈리아

앤초비+루꼴라+방울토마토

앤초비의 강렬한 짭짤함.
그야말로 이탈리아의 맛입니다.
본 조르노~

바나나+베이컨

이 샌드위치를 만들 때는 잘 익은
바나나보다 살짝 단단한 바나나를
사용해주세요. 과일과 고기의 조합을
좋아한다면 꼭 한번 만들어보시길!

남아프리카
공화국

• 사워 크라우트: 채 썬 양배추를 발효해 만든 독일식 김치
• 모타델라: 이탈리아 볼로냐가 산지인 대형 소시지

햄+파인애플

고기와 과일, 단백질과 섬유질.
그저 완벽합니다.

땅콩버터+잼

달콤함과 달콤함의 만남.
익숙해서 종종 생각나는
조합이지요.

모타델라

양념이 강한 소시지로 더위를
이겨내는군요. 역시 삼바의 나라!

서로가 고른 스프레드에 대해 이야기를
나눠보세요. 어떤 스프레드가 괜찮을지
다양한 의견을 제시하다 보면 분위기가
달아오르고 조금 더 끈끈해지기도 한답
니다.

토스트 스프레드 트레이

매일 아침 토스트를 먹는다면, 냉장고에 트레이가 들어갈 자리를
마련해놓고 스프레드를 한데 모아보세요.
'그렇게 한다고 뭐가 바뀔까?'
이렇게 생각하는 사람도 분명 있겠지요. 하지만 놀랍게도 큰
변화가 있답니다. 바로 기분이 좋아진다는 것이지요. 한 손에 잘
구운 토스트를 든 채 다양한 스프레드를 앞에 두고 고민하는 건 꽤
즐거운 일이랍니다. 손쉽게 즐거워질 수 있는 스프레드 트레이, 꼭
한번 준비해보세요.

디저트 샌드위치로 대변신

파이처럼, 크루아상

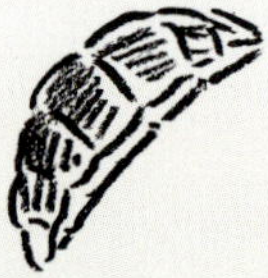

사실 크루아상에는 비밀이 하나 있습니다. 이미 알고 있는 분도
계시겠지만, 크루아상은 버터가 잔뜩 들어간 반죽을 몇 번이고
겹쳐서 만든다는 사실! 무언가 떠오르지 않나요?
네, 그렇습니다. 파이도 마찬가지지요. 즉, 파이 재료를 크루아상
사이에 끼우면 파이풍 크루아상 샌드위치를 만들 수 있습니다.
재료의 궁합을 생각하면서 조합해보는 재미는 덤이지요.

후다닥
3 min

초콜릿+초코 소스+마시멜로+바나나

초콜릿 파이 샌드위치

폭신폭신한 마시멜로와 단단한 초콜릿의
달콤한 조화. 여기에 바나나의 부드러움이
더해지지요. 달콤한 음식을 좋아하는 분께
추천합니다.

단맛이 파이의 전부는 아니야!

파이는 무척 심오한 음식으로 그저 단순한 디저트가 아닙니다. 짭짤한 맛을 좋아한다면 식사용 파이를 만들어보는 건 어떨까요?

슬라이스 치즈+고춧가루+마요네즈

치즈 파이풍 샌드위치

냉동 햄버그스테이크+케첩+머스터드

미트 파이풍 샌드위치

휘핑크림+베리류+민트

밀푀유 샌드위치

한입 베어 물면 마치 케이크로 착각할 정도로 부드러운 샌드위치입니다. 씹으면 씹을수록 행복 지수가 올라갑니다.

카망베르 치즈+마멀레이드+아몬드+계핏가루

치즈 파이 샌드위치

카망베르 치즈의 짭짤함과 마멀레이드의 달콤함이 안에 숨어 있는 쌉싸래한 맛을 밖으로 이끌어냅니다. 이 쌉쌀함이야말로 맛의 조화를 완성하는 매력 포인트지요. 어른을 위한 맛이랄까요.

아침의 음료

Q 아침에 음료를 마시는 게 좋나요?

A 물론입니다. 꼭 마셔야 하죠.

안녕하세요. 전 물의 요정이랍니다. 아침에 일어났을 때 많은 분들이
저를 필요로 하지요. 그런데 정말 이상한 것은, 제가 필요하면서도 저를
마시지 않는다는 거예요! 가만히 보고만 있을 수는 없지요.
막 잠에서 깼을 때 몸은 수분이 부족한 상태예요. 수분이 부족하면
피가 끈적해지고 피부가 거칠어지거나 유분으로 미끌미끌해지지요.
미모와 건강 둘 다 잃어버리게 되는 거예요. 반대로 수분을 보충하면
장운동이 활발해져요. 식이 섬유를 섭취하는 것도 중요하지만 물을
마시기만 해도 변비가 개선된답니다. 게다가 아침에 일어났을 때,
입속은 잡다한 세균들로 가득 차 있어요. 그래서 수분으로 촉촉하게
적셔주는 것이 중요해요. 물론 깨끗하게 양치를 한 다음에 말이지요.
어때요? 이제 제가 없으면 안 된다는 걸 잘 아시겠죠?

안녕하세요, 요리 연구가 오다 마키코입니다.
오늘은 여러분께 제가 사랑하는 음료들을 소개해볼까 합니다.

루이보스 차

가장 큰 특징은 오래 마실 수 있다는 거예요. 물통에 넣어놓고 계속 우릴 수 있지요. 단맛과 신맛이 균형을 잘 이루고, 신맛이 침샘을 자극해 식욕도 좋아진답니다. 또 우리면 우릴수록 좋은 성분들이 많이 나오지요. 차 특유의 떫은맛도 없고 진하게 우러날수록 맛있어져요. 카페인이 없기 때문에 카페인에 약한 분에게도 추천하는 차입니다.

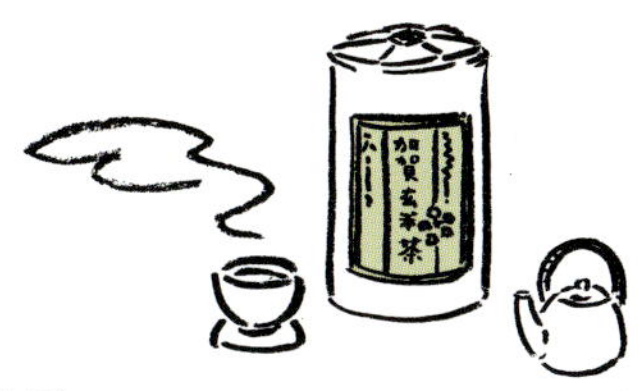

현미 차

마루하치제차의 현미 차를 추천합니다. 의외로 비타민 C를 섭취할 수 있답니다. 향기가 좋아서 기분 전환도 되고, 졸린 눈도 맑아져 아침에 딱 어울리는 차예요. 밥 냄새가 나서 마시면 든든한 느낌이 듭니다. 한마디로 마시는 사람을 행복하게 만들어주는 차랍니다.

커피

지노의 커피는 정말 향기롭더군요. 진하게 내려도 쓴맛과 신맛, 단맛의 균형이 무너지지 않았고 가볍게 내려도 역시 균형이 잡혀 있었습니다. 그러니 잠이 덜 깬 상태에서도 실패 없이 맛있게 내릴 수 있지요. 커피의 향기와 카페인으로 산뜻하게 하루를 시작해보세요.

후카무시 센차(전차, 煎茶)

추천 제품은 차미차미의 센차입니다. 무척 공을 들여 덖은 찻잎이기 때문에 물의 양이나 온도에 신경 쓸 필요 없이 차를 맛있게 끓일 수 있답니다. 뜨거운 차도 좋지만 전 차가운 차를 추천해요. 컵에 찻잎을 넣고 물을 부어 잘 섞은 다음 찻잎이 가라앉으면 마십니다. 진하면서도 달콤해 마치 '향기' 그 자체를 마시는 듯하지요.

과일 차

포만감이 느껴지는 차입니다. 바쁜 아침에는 과일 차 한 잔으로 아침을 대신해보세요.

생강 시럽

홍차에 넣거나 탄산수에 섞어 먹는 등 한 병 만들어두면 여러모로 편리하게 사용할 수 있답니다.

마루하치제차(丸八製茶場) www.kagaboucha.co.jp | 지노(Gino) www.caffegino.com | 차미차미(茶味茶見) www.chamichami.com

○○만 하면 되는
아침밥

"아침의 1분은 저녁의 10분만큼 가치 있다."

이렇게 말하는 사람이 있을 정도로 아침에는 1분조차 무척 소중합니다. 그래서 전날 밤 기본 준비를 해두면 다음 날 아침에는 얹거나, 담거나, 전자레인지에 데우기만 하면 되는 아침밥을 준비해봤습니다. 여기에 더해 전날 밤에 다 만들어두고 다음 날 아침에는 그저 먹거나 마시기만 하면 되는 간단한 요리들도 소개했습니다. 물론 맛도 보장합니다. 혹시 평소에 아침부터 요리를 몇 개씩 만들고 있다면 그중 하나 정도는 '○○만 하면 되는' 요리로 바꿔보세요. 그것만으로도 아침 시간이 꽤 여유로워질 테니까요.

7가지 재료 영양밥

반찬과 밥이 한데 어우러진다는 게 영양밥의 장점이지요.
전날 밤에 취사 예약을 해두면 아침에 밥 짓는 냄새를 맡으며
눈 뜰 수 있답니다. 여러 재료 중에서도 포인트가 되는 것이 바로
유부입니다. 다른 재료들의 맛이 배어들어 진한 풍미를 내지요.
취향에 따라 파래를 솔솔 뿌려주면 보기에도 좋은 영양밥이
완성됩니다.

재료(2~3인분)

쌀 … 360ml
당근 … 1/3개(50g)
대파 … 반 개(50g)
만가닥 버섯 … 100g
데친 유부 … 1장
방울토마토 … 4개
말린 톳 … 1작은술
간장 … 2큰술
A │ 물 … 1과 2/3컵
  │ 간장 … 1큰술
  │ 소금 … 1/2작은술

만드는 법

1 쌀을 씻어 체에 올린다.

2 당근과 대파는 5mm 폭으로, 유부는 1cm 크기 주사위 모양으로 썬 뒤 간장을 뿌리고 잘 섞어둔다. 만가닥 버섯은 뿌리 부분을 제거하고 가닥가닥 나눈다.

3 밥솥에 쌀과 잘 섞은 A를 부은 다음 평평하게 펼치고 2를 올린다.

4 방울토마토, 톳을 더하고 예약 시간을 맞춘다.

특별한 이벤트가 있는 날에는

삶은 콩 ＋ 마른 톳

소송채 ＋ 유부

참치 ＋ 당근

밥을 먹고 나면 왠지 모를 안정감이 들지요. 인생의 중요한 날, 먹으면 힘이 나는 영양밥을 소개할게요. 재료를 7가지나 준비해야 해서 귀찮아하는 분도 있겠지만 특별한 날인 만큼 만들어봅시다!

어른으로 향하는 첫걸음을 떼는 날이죠. 산뜻한 기분을 유지하면서도 강한 정신력이 필요한 날에는 행복 호르몬으로 불리는 세로토닌의 분비를 돕는 트립토판, 비타민 B군을 많이 함유한 식재료를 먹도록 합시다.

두근두근 설레기도 하지만 울렁울렁 떨리기도 하는 첫 만남. 그런 날에는 긴장을 풀기 위해 철분, 비타민 E, β카로틴을 섭취하고 혈색을 좋게 만들어주는 식재료를 먹어보세요. 상대도 자연스레 편안해할 거예요.

면접이나 시험이 있는 날에는 기억력을 높이고 머리를 맑게 해야 하지요. DHA와 항산화 비타민, β카로틴을 섭취할 수 있는 식재료로 영양밥을 지어보세요.

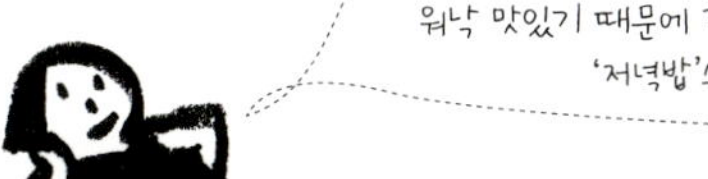

밥에 얹기만 하면 되는

어제의 반찬 덮밥

어제의 반찬 덮밥.
이래 봬도 어엿한 요리 이름입니다. 세계에는 수없이 많은 요리들이 있지만 이만큼 변형이 자유로운 요리는 또 없답니다. 어제의 반찬 덮밥이라고 해서 어제 먹었던 반찬을 그냥 올려놓기만 하는 것은 아닙니다. 양상추나 계란, 낫토를 살짝 얹어 변화를 줘보세요.

후다닥 3 min

우엉 조림
+
온센 타마고
(온천 계란)

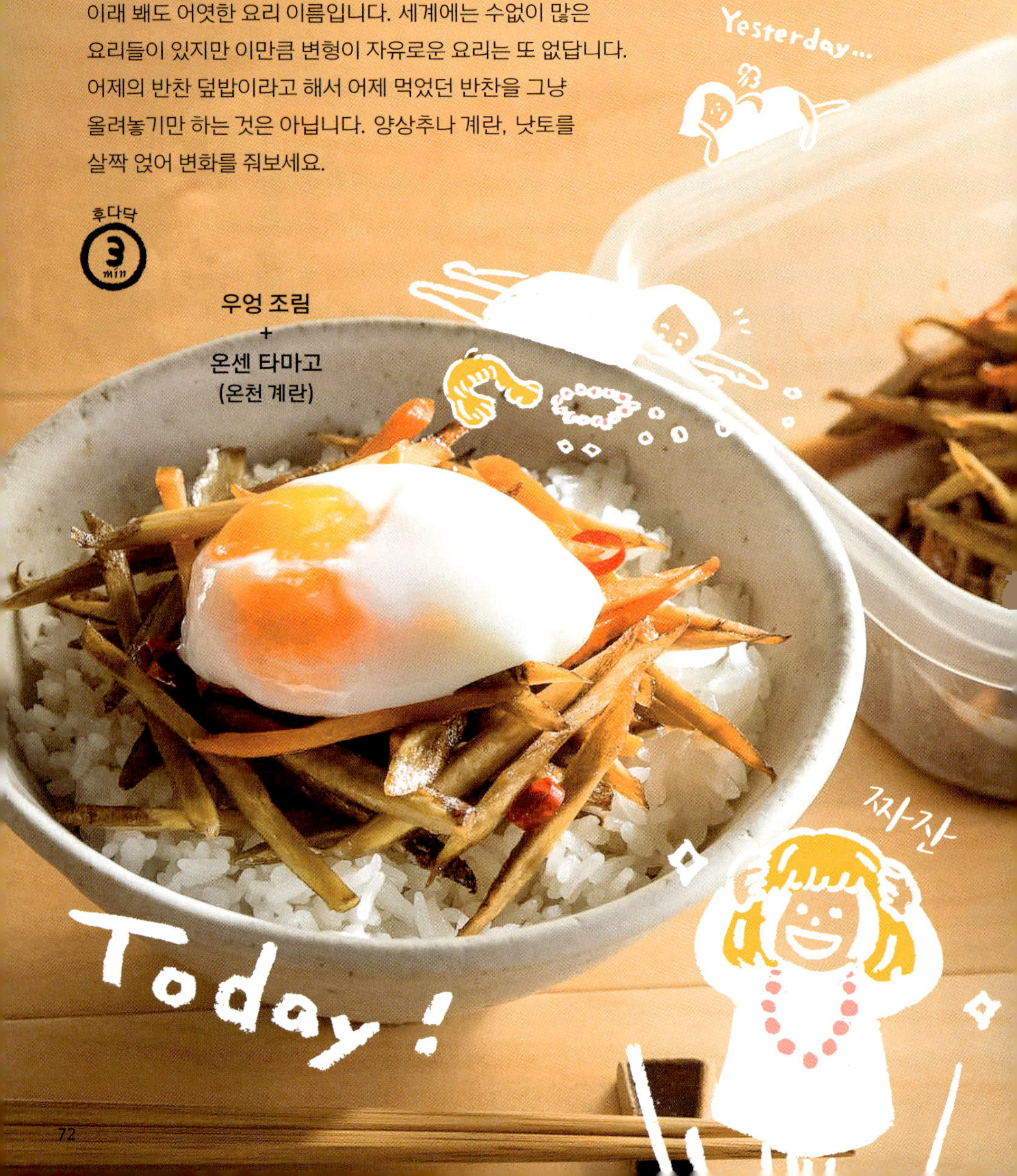

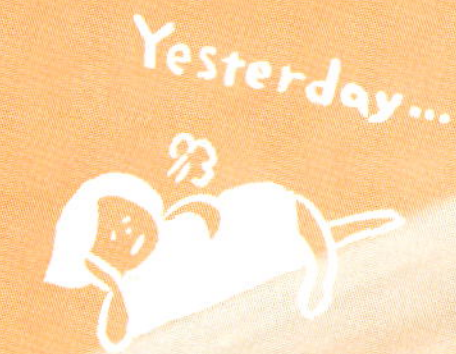

온센 타마고(온천 계란) 만들기

어떤 반찬도 온센 타마고만 있으면 새로운 맛으로 바뀔 수 있습니다. 그 말인즉슨 온센 타마고만 만들 줄 안다면 어제의 반찬이 훌륭한 '어제의 반찬 덮밥'으로 변신한다는 것이지요. 만드는 법은 쉽습니다. 냄비에 물 3컵을 붓고 끓인 뒤, 불을 끄고 물 1/2컵을 더 넣어줍니다. 미리 실온에 꺼내놓은 달걀 2개를 넣고 뚜껑을 덮은 뒤 8분간 그대로 둡니다. 차가운 물로 식힌 다음 사용해주세요.

살짝 얹어서 어제의 반찬을 바꿔볼까요?

채소 볶음 + 낫토	고기 볶음 + 참기름 + 토마토	돼지고기 생강 구이 + 양상추

개성 강한 식재료를 더하자

새로운 향과 신선함을 더하자

아삭아삭한 식감을 더하자

완전히 다른 요리로 변신

중화풍 고기 볶음으로 변신

든든한 일품요리로 변신

식빵 아이스크림 케이크

미남, 미녀, 그리고 신나는 음악.
사람을 끌어당기는 것에는 여러 가지가 있지요. 물론 케이크도
그중 하나입니다. 하지만 아침부터 케이크를 먹는다는 것에
놀라워하는 분도 있을지 모릅니다. 그래서 케이크 시트 대신
식빵을 사용해 단맛을 줄인 산뜻한 케이크를 준비해봤습니다.
새콤한 요거트와 부드러운 빵의 조화, 여기에 블루베리를 더해
포인트를 주었지요. 새콤달콤한 케이크지만 전혀 부담스럽지
않습니다. 아침부터 기분도 좋아지지요.

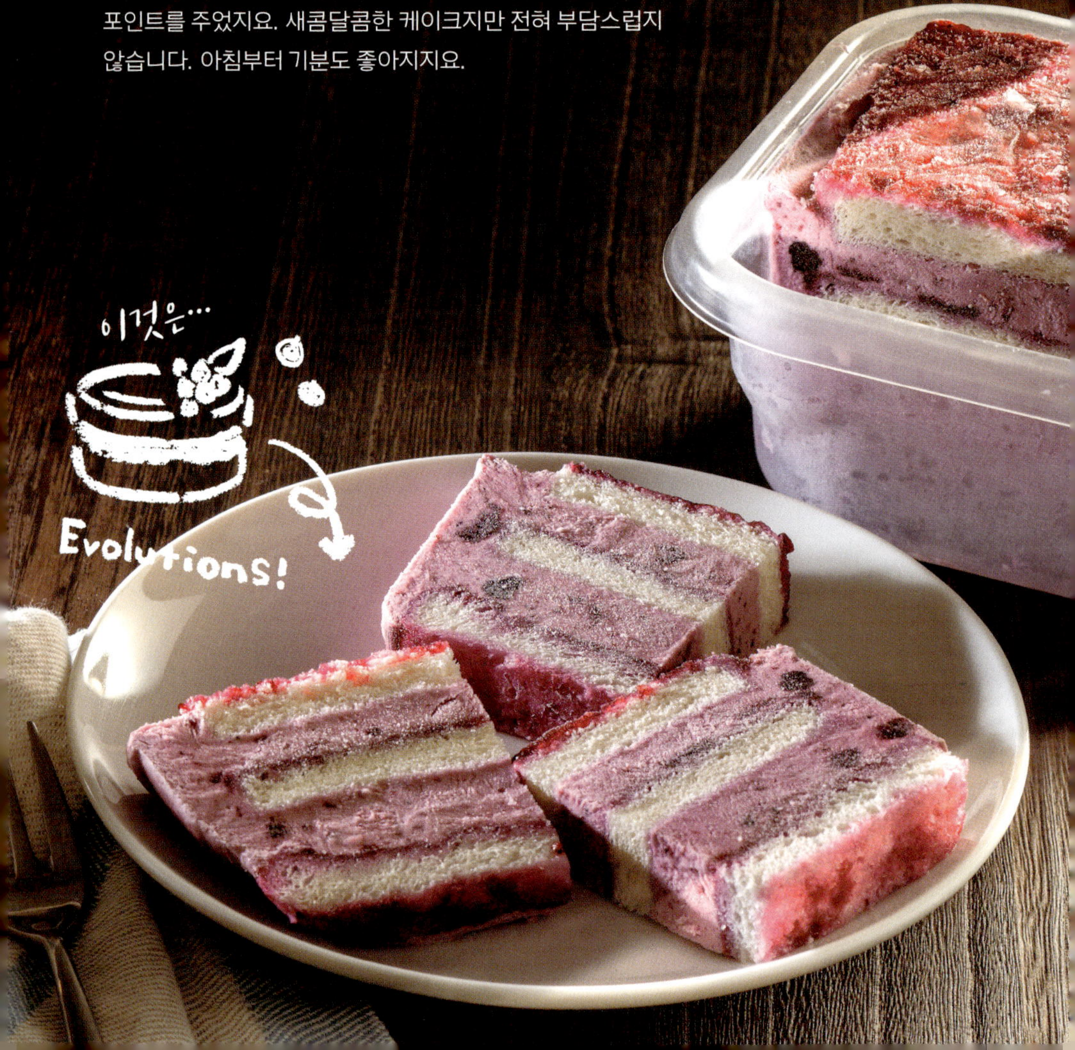

이것은…

Evolutions!

재료(밀폐 용기 1개 분량)

A | 생크림 … 1/2컵
   | 플레인 요거트 … 1/2컵
   | 블루베리잼 … 100g
   | 설탕 … 20g
B | 물 … 1/4컵
   | 블루베리잼 … 3큰술
식빵 … 3장

만드는 법

1 A의 생크림은 포크로 **3분** 정도 거품을 내고 요거트, 잼, 설탕을 더해 섞는다.

2 식빵 테두리를 제거하고 1장을 밀폐 용기 바닥에 깐다. B는 잘 섞어둔다.

3 B의 1/3 분량을 식빵에 잘 배어들도록 바르고 A를 절반 가량 붓는다. 식빵 1장을 올리고 똑같이 반복한다.

4 식빵으로 뚜껑을 덮고 남은 B를 붓는다. 냉동실에 넣고 **4~5시간** 얼린다.

이번 주도 힘차게 시작해볼까요? DJ 아이스크림 케이크의 제멋대로 리퀘스트! 그럼 바로 사연을 소개하도록 하겠습니다.

알고 말고요, 그 기분.
이럴 때는 건강과 맛을 동시에 만족시키는 맛있는 음식을 먹어야 해요!
달콤하면서도 건강한 레시피를 소개할게요.

첫 번째 레시피

A | 단팥 … 200g
   | 콩가루 … 4큰술
B | 두유 … 1과 1/2컵
   | 설탕 … 20g

✔ 만드는 법은 위와 같아요.
단, 단팥과 콩가루는 섞지 않아도 됩니다.

두 번째 레시피

A | 연두부 … 200g
   | 메이플 시럽 … 1/3컵
   | 플레인 요거트 … 1/4컵
   | 건포도 … 2큰술
B | 물 … 1/4컵
   | 메이플 시럽 … 2큰술

하지만 말이죠. 정말 중요한 건 다이어트 후예요. 자신감은 나를 성장시키지만 과신은 나를 망친다는 사실을 명심하세요. 당신에게 경각심을 심어줄 만한 노래를 틀어드릴게요.
Bob Dylan의 'Like a Rolling Stone'

띠끈띠끈 매끈매끈 온두부

두부의 장점은 부드럽고 포용력이 크다는 것이지요. 소화도 쉽고
여러 재료들과 잘 어울려 아침에 걸맞은 식재료입니다. 온두부는
연두부 반 모(150g)에 재료나 양념을 얹고 1분 30초에서 2분 정도
전자레인지에 데우는 아주 간단한 요리입니다. 랩을 씌울 필요도
없지요. 전날 밤 그릇에 담아놓으면 과정은 더 간단해집니다.
그다음엔 먹기만 하면 끝!

후다닥
5 min

버터+간장+파

지금까지 어디에 숨어
있었던 거지? 이런 맛을 내다니.
센터는 바로 너야 너!

치즈+폰즈

담백한 연두부에서 이렇게 진한 맛이!
폰즈가 감칠맛을 돋워주는군.

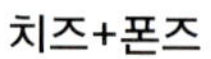

♫ '온두부' 온 더 뮤직

내가 자네들의 프로듀싱을 맡게 되었네. 미리 말해둘 게 있어. 자네들은 아직 반쪽짜리라네.
그저 연두부 반 모에 불과하지. 하지만 그렇기 때문에 자네들에게는 무한한 가능성이 있어.
일단은 각자 캐릭터를 정하는 것부터 시작하지.

참치+겨자+간장

음, 가벼운 덮밥 같은 느낌이군.
겨자는 매력 포인트로
듬뿍 올리는 게 좋겠어.

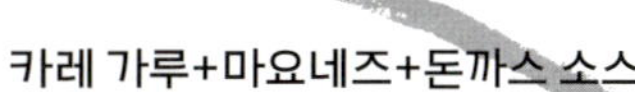

카레 가루+마요네즈+돈까스 소스

카레 가루가 마요네즈와 섞이니
카레처럼 변하는군.
은근한 반전 매력의 소유자랄까.

매실 장아찌+미역

벌써 한 그릇 더 먹고 싶어질 만큼 맛있군.
자네는 확실히 인기를 끌겠어.

팽이버섯 조림+간장+참기름

부드러우면서도 자극적인 맛이라니.
모두가 자네에게 빠져 정신을 못 차리겠군.

전날 밤 섞어두기만 하면 되는

하룻밤 숙성 수프

상처 받은 사람에게는 상냥한 위로가 필요합니다. 그러니 상처
받은 위장에도 분명 부드러운 위로가 필요하겠지요. '요즘 좀 무리
했나? 피곤하네' 싶은 생각이 든다면 이미 당신의 위장은 지친
상태입니다. 그런 날에는 위에 부담이 가는 음식 대신 눈물을
닦아줄 손수건처럼 부드러운 수프를 추천합니다. 주재료는 두유.
소화가 잘되고 부드러워 위에 부담이 가지 않아요. 대두 단백질은
간 기능 강화에 효과가 있어 숙취에도 좋답니다.

두유 토마토 수프

만드는 법   1 재료를 섞어 냉장고에 하룻밤 두면 완성!

두유 토마토 수프

두유 … 1/2컵
무첨가 토마토 주스
… 1/2컵
소금 … 1/4작은술
고추기름 … 3방울(생략
가능)

두유 카레 수프

두유 … 1컵
멘츠유 … 2~3작은술
카레 가루 … 1/2작은술

두유 오이 수프

두유 … 2/3컵
오이 … 반 개
소금 … 1/4작은술
올리브오일 … 1작은술

두유 콘 수프

두유 … 1/2컵
콘 크림 … 100g
소금 … 1/4작은술

스푼 아주머니의
아침
수프
어드바이스

저런, 많이 지쳤구나. 그럴
때는 수프를 마셔야지!
우유로 만들어도 맛있지만
두유를 넣으면 그냥
재료를 섞기만 해도 왠지
요리를 하는 것 같은
기분이 든단다. '내가
만든' 음식이라 더 맛있기
마련이지.

두유 카레 수프

카레에 들어가는 향신료는 약이나
다름없단다. 실제로 약으로
먹기도 하지. 몸을 따뜻하게
데워주고 피가 잘 돌게 만들어주기
때문에 피곤할 때 참 좋은
수프란다. 멘츠유를 더하면 좀 더
익숙한 맛이 되지.

두유 오이 수프

오이를 갈아본 적 있니? 아마
처음이 아닐까 싶은데. 무처럼
맛이 변할지 아니면 그대로일지
궁금하지? 정답은 직접 갈아보면
알 수 있단다. 호호.

두유 콘 수프

피곤하고 지쳤을 때 머리를 써야
한다면 달콤한 두유 콘 수프를
먹어보렴. 후추를 조금 뿌려도
맛있단다. 제대로 아침을 챙겨
먹기 힘든 날, 든든한 게 먹고 싶을
때에도 좋지.

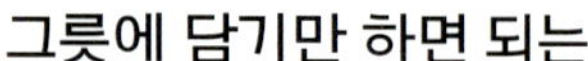

차곡차곡 상비 채소

아침에 채소를 먹고 싶지만 좀처럼 실천하기 어렵지요. 그렇다면
미리 만들어두는 것은 어떨까요? 그래서 제안하는 요리가 바로
'차곡차곡 상비 채소'입니다. 네모난 밀폐 용기에 채소를 차곡차곡
깔고 하룻밤 재워둡니다. 포인트는 고기도 함께 넣어주는 것!
이렇게 하면 아침에 단백질까지 확실하게 섭취할 수 있고
포만감도 들지요. 물론 빵과 함께 먹어도 좋습니다. 영양 가득한
샐러드, 한 번 만들면 5일 동안 먹을 수 있답니다.

재료
(한 번에 만들기 쉬운 분량)

아보카도 … 1개
닭 가슴살 … 2조각
토마토 … 1개
A | 물, 식초 … 각 2큰술
　| 식용유 … 1큰술
　| 유즈코쇼 … 2작은술
　| 소금 … 1/2작은술

만드는 법

1 아보카도는 얇게 썬다.

2 토마토는 꼭지를 떼고 1.5cm 크기 주사위 모양으로
　자른다.

3 밀폐 용기에 아보카도를 깔고 닭 가슴살을 1cm
　폭으로 썰어 그 위에 얹는다. 마지막으로 토마토를
　올리고 잘 섞어둔 A를 뿌린다.

컨테이너 로봇맨의 채소 쌓기 레슨

안녕! 내 이름은 컨테이너
로봇맨! 컨테이너만 쌓아온
지 어느덧 30년. 나를 짐
쌓는 일밖에 할 줄 모르는
로봇이라고 말하는 사람도
있지만 말이지, 쌓는다는
건 그렇게 단순한 일이
아니란다. 쌓는 순서
하나만 달라져도 맛이
바뀌니까 말이야.

상추 … 2장
모듬 콩 통조림 … 100g
참치 통조림 … 80g

카레 마요네즈
마요네즈 … 4큰술
간장, 카레 가루 … 각 1작은술

액상 소스를 뿌리면 상추에서 수분이
빠져나와. 그러니까 정답은 카레
마요네즈 소스! 소스가 걸쭉해서
바닥까지 잘 흘러내리지 않아
아삭아삭한 식감이 오래가지. 소스는
그때그때 넣어 먹도록 해.

토마토(둥글게 썰기) … 2개(300g)
숙주 … 150g
햄 … 50g

매콤 소스
참기름, 깨소금, 식초 … 각 1큰술
설탕 … 2작은술
간장 … 1작은술
두반장, 소금 … 각 1/2작은술

토마토는 동글납작하게 썰고, 숙주는
날것에 소금 1/4작은술을 넣고 무쳐줘.
이렇게 하면 천천히 수분이 빠져나와
아삭아삭한 식감이 오래가지.
잘게 썬 촉촉한 햄에 강렬한 매콤
소스를 올리는 것. 이게 바로 쌓기의
묘미란다.

토마토는 토마토. 닭 가슴살은 닭 가슴살. 그 자체로도 맛있으니까 굳이 힘들게 쌓을
필요까진 없지 않나요? 정말이지, 전국에 있는 귀차니스트들의 불만스러운 목소리가
들리는 것만 같다고요. 물론 환청이겠지만….

진한 요거트 디저트

디저트를 아침으로 먹는 건 정말 멋진 일입니다. 그런데 여러분의
마음속 소리가 여기까지 들리는 것 같습니다.
'돈이 많이 들 것 같아요!'
아뇨, 비용은 걱정 마세요. 필요한 재료는 요거트 하나뿐이니까요.
대용량 요거트를 샀는데 좀처럼 줄어들지 않거나 매일 먹는
요거트에 질려버렸을 때, 하룻밤 동안 물기를 빼놓은 요거트는
다음 날 아침 완전히 다른 음식으로 변신한답니다. 편의점에서
파는 디저트보다도 저렴한 것은 물론 맛 또한 훌륭하지요.
신선하면서 부드럽고 진한 맛이 일품이에요.

티라미수풍   크레메 당주풍

재료
(한 번에 만들기 쉬운 분량)
플레인 요거트 … 200~300g

만드는 법
1 키친타월을 깐 체에 요거트를 담고 하룻밤 동안 물기만 빼면 완성!

티라미수풍
설탕(2큰술)과 인스턴트 커피(1작은술)를 미지근한 물(1큰술)에 개어 소스를 만든다. 그릇에 물기를 뺀 요거트를 담고 소스를 부은 뒤 코코아 가루를 뿌려 마무리한다.

크레메 당주풍
그릇에 물기를 뺀 요거트를 담고 잼을 얹은 뒤 베리류 과일과 민트로 장식한다. 취향에 따라 슈가 파우더를 뿌린다.

유청을 마시자

물기 제거는 이렇게
체에 키친타월을 깐 뒤 요거트를 올리고, 체보다 작은 볼을 아래에 받쳐줍니다.

요거트에서 물기를 제거할 때 나오는 물을 유청이라고 합니다. 유청에는 칼슘과 단백질, 유산균이 들어 있어요. 그냥 버리기엔 너무나도 아까운 영양분 덩어리지요. 그럼 단맛을 더해 맛있게 마셔볼까요?

연유
연유를 넣으면 우유의 부드러움이 도드라지면서 마시는 요거트 맛이 난답니다.

흑설탕
진하고 달콤하지만 어딘지 차분한 느낌이 드는 맛이랍니다.

꿀
코끝을 감도는 향긋한 꽃향기로 아침을 상쾌하게 시작해보세요.

건강해지는
아침밥

아침밥은 자유롭습니다. 아침밥을 먹는 것도, 먹지 않는 것도 당신의 자유입니다. 하지만 기왕 아침밥을 먹는다면 몸에도 좋고 기분도 좋아지는 음식을 먹길 바랍니다. 이번에 소개할 아침밥처럼 말이지요.

기운이 없거나 외식이 잦다는 생각이 들 때 영양제 대신 아침밥을 챙겨보는 건 어떨까요? 영양소에 대해서는 잘 몰라도 괜찮습니다. 차분한 저녁 시간, 내 몸이 이야기하는 소리에 찬찬히 귀를 기울이면 신기하게도 나에게 어떤 영양소가 필요한지 알 것 같은 기분이 든답니다. 또 아침에 확실히 영양소를 섭취해두면 점심과 저녁에는 먹고 싶은 대로 자유롭게 먹을 수 있지요.

둥지 속 촉촉한 계란 프라이

생명 그 자체를 품고 있는 달걀은 건강 식단의 필수 재료이지요.
단백질과 비타민, 미네랄까지. 그야말로 최고의 식재료라
하겠습니다. 하지만 누구에게나 결점이 있는 것처럼 달걀에게도
부족한 영양소가 있습니다. 바로 비타민 C와 식이 섬유이지요.
상대의 결점까지 감싸 안을 수 있을 때 사랑은 더 깊어지는
법입니다. 달걀의 결점을 받아들이고 부족함을 채울 때 더 애정
넘치는 요리가 완성된답니다. 비타민 C와 식이 섬유가 풍부한
양배추에 칼슘 덩어리 치즈까지. 계란을 이런 재료들로 감싸주면
맛에도 변화가 찾아오지요. 그리고 양배추와 치즈가 계란에
가해지는 열을 조절해주어 놀랍도록 촉촉한 계란 프라이가
만들어진답니다.

재료(1인분)

양배추 … 80~100g
달걀 … 1개
식용유 … 1작은술
치즈 가루 … 1큰술
(혹은 피자 치즈 …20g)

만드는 법

1 양배추를 5mm 폭으로 채 썬다.
2 프라이팬에 식용유를 두르고 중불에서 1분 정도 달군다. 양배추를 넣고 1분간 그대로 둔 뒤 다시 1분간 볶는다.
3 양배추가 익어 부드러워지면 중간에 홈을 파고 달걀을 깨 넣는다.
4 치즈 가루를 뿌린 후 뚜껑을 덮고 약한 중불에서 2분간 굽는다.
5 양배추째 그릇에 옮겨 취향에 따라 케첩을 곁들인다.

둥지 아파트에 어서 오세요

둥지 속 계란 프라이들이 모여 사는 둥지 아파트. 평범한 계란 프라이에 질렸다면 둥지 아파트로 놀러 오세요.

쪽파+세멸치+피자 치즈

먼저 계란 프라이를 만듭니다. 흰자가 단단해지기 시작하면 계란 프라이를 감싸듯 주변에 둥글게 피자 치즈, 세멸치, 쪽파를 뿌려줍니다. 치즈가 바삭바삭해지면 완성이에요. 밥과 잘 어울리는 맛이랍니다.

토마토+치즈 가루

토마토 한 개를 세로로 6등분해 살짝 구운 다음 가운데에 달걀을 깨 넣습니다. 약한 중불에서 뚜껑을 덮고 2분간 구워주세요. 마무리로 소금과 후추, 치즈 가루를 뿌립니다. 올리브오일을 쓰면 냄새까지 맛있어진답니다.

감자칩+소송채+다시마 간장 절임+피자 치즈

2cm 폭으로 자른 소송채와 거칠게 부순 감자칩을 살짝 볶다가 소송채가 부드러워지면 가운데 달걀을 깨 넣습니다. 다시마 간장 절임, 피자 치즈를 올리고 뚜껑을 덮은 다음 약한 중불에서 2분간 구워줍니다. 마지막에 소금을 톡톡. 볶은 감자칩의 감칠맛은 상상 그 이상이랍니다.

볼륨 만점 샐러드

"몸에 좋은 샐러드를 자주 먹고 싶지만 샐러드만으로는 금세
허기가 져서 힘들어요."
이런 분들을 위해 식감이 좋고 확실한 포만감을 주는 식재료를
엄선했습니다. 가장 중요한 포인트는 채소를 먹기 좋게 한입
크기로 자르는 것! 그리고 먹을 때 젓가락이나 포크가 아니라
스푼을 사용하는 것입니다. 스푼을 쓰면 한 번에 많은 양을 먹을
수 있으니까요. 덤으로 샐러드의 다양한 효과도 소개했으니
각자의 고민에 따라 만들어보세요.

후다닥
4 min

쾌변 코스

식이 섬유 듬뿍 샐러드

콩의 식이 섬유와 요거트의 유산균,
여기에 수분 가득한 채소를 더해
활발한 장운동을 돕습니다.

재료(1인분)

모듬 콩 통조림 … 100g
오이 … 1개
플레인 요거트 … 3큰술
올리브오일, 식초 … 각 1작은술
소금 … 1/3작은술
카레 가루 … 1/2작은술

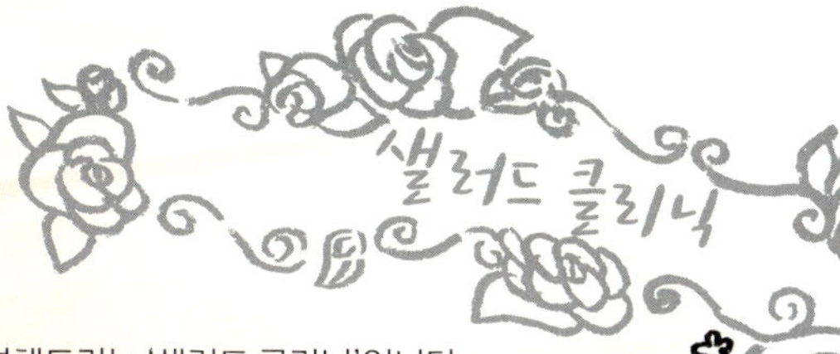

어떤 고민이든 샐러드로 해결해드리는 '샐러드 클리닉'입니다.
어떤 고민이 있으신가요? 음, 그렇군요. 당신의 고민에 딱 맞는
샐러드를 소개해드릴게요.

미백 코스

비타민 A&C 샐러드

파프리카에는 비타민 A, C가 풍부하게
함유되어 있습니다. 이 두 비타민은
피부를 건강하고 매끈하게 만들어줄
뿐더러 미백 효과도 뛰어나답니다.

재료(1인분)

- 양배추 … 100g
- 파프리카 … 반 개(80g)
- 로스트 햄 … 2장
- 마요네즈 … 3큰술
- 식초 … 1/2큰술
- 꿀 … 1작은술
- 소금 … 조금

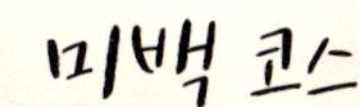

집중력 코스

아미노산 샐러드

두부의 단백질, 아보카도의 건강한
지방산은 견과류에 들어 있는 비타민
B군과 함께 뇌 활동을 원활하게 만들고
집중력을 높여줍니다. 포만감도
오래가기 때문에 허기로 집중력이
흐트러지는 일이 없답니다.

재료(1인분)

- 두부 … 반 모(150g)
- 아보카도 … 반 개(80g)
- 견과류 믹스 … 20g
- 참기름, 간장 … 각 1작은술
- 식초 … 1작은술

샐러드 미소 된장국

채소가 몸에 좋은 건 알지만 손이 잘 안 가는 게 사실입니다.
그래서 '채소 섭취 난민'이 세상에 넘쳐나죠. 채소 섭취의 진입
장벽을 낮추기 위해서는 끓이는 게 답입니다. 미소 된장국에
넣어버리는 것이죠. 채소를 미소 된장국에 넣으면 금방 익어
간편하고, 베이컨 같은 가공식품을 넣으면 감칠맛도 더해집니다.
채소 150g을 샐러드로 먹는 건 쉽지 않은 일이지요. 하지만
국으로 만들면 순식간에 해치울 수 있답니다.

양배추+토마토+소시지

후다닥 5 min

재료(1인분)

물 … 1과 1/2컵
양배추 … 80~100g
토마토 … 반 개(80g)
소시지 … 2개(40g)
미소 된장 … 1~2큰술

만드는 법

1 양배추는 2cm 폭으로 썰거나 손으로 찢는다. 토마토는 세로로 3등분하고 소시지는 어슷 썬다.
2 냄비에 양배추와 물을 넣고 중불에 올려 팔팔 끓기 시작하면 토마토, 소시지를 넣고 약불에서 2~3분간 끓인다.
3 미소 된장을 넣고 풀어준다.

양상추+베이컨+파프리카+숙주

아침부터 채소를 먹는 사람은 채식주의자뿐이라는 편견을 버리기로 했습니다. 아침에 채소를 많이 먹어두면 낮이나 밤에 고기랑 과자를 잔뜩 먹어도 되잖아요? 저기요, 누군가 그렇다고 말해줘요. 네?

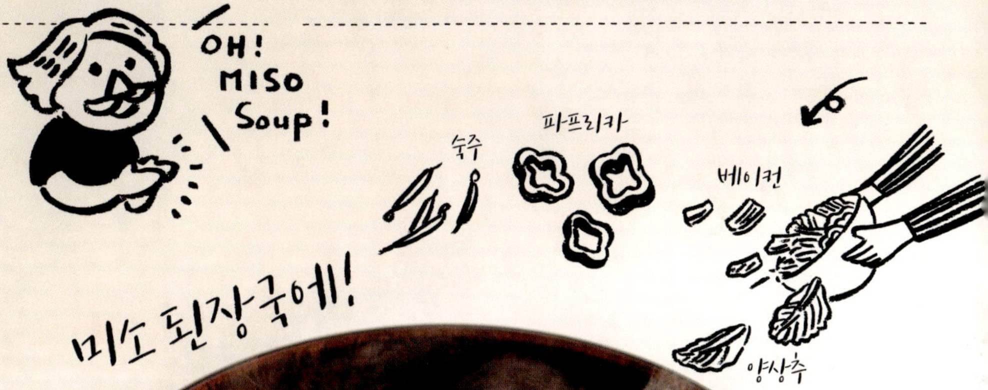

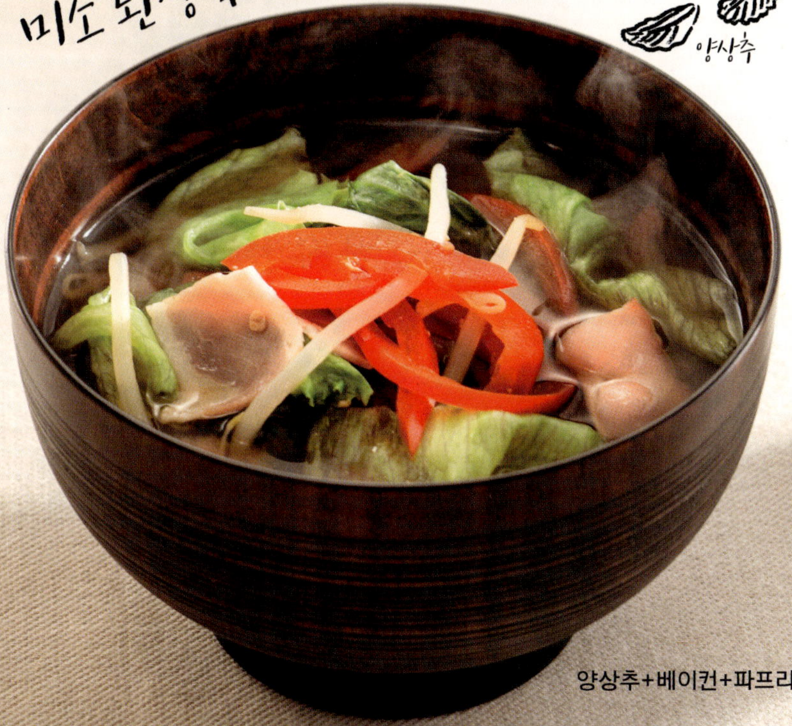

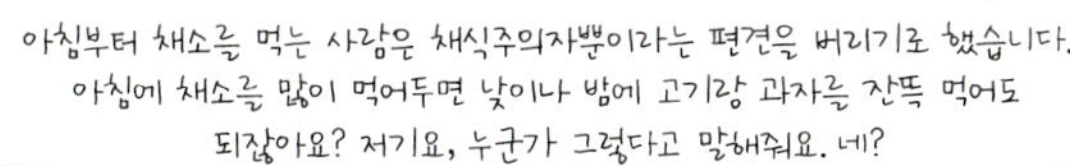

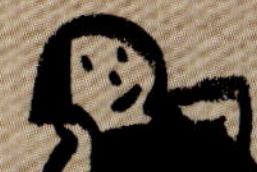

건더기 없이도 맛있는

간단 미소 된장국

앞에서는 채소에 주목했지만 미소 된장 역시 건강에 좋은
식재료랍니다. 지치고 피곤해 건더기조차 씹을 기운이 없을 때
간단한 미소 된장국을 만들어보세요.

미소 된장 마스터,
구수 할머니가 들려주는
미소 된장과
나의 365일

일본이 자랑하는 대두 발효 식품, 그게 바로 미소 된장이라우.
미소 된장을 먹으면 대두에 들어 있는 양질의 단백질을 섭취할
수 있지. 피를 깨끗하게 만들고 동맥경화를 막아준다고 알려져
있는데, 미백과 항암 효과가 있다는 것도 다들 아시려나?

우리 집 영감이 매일같이 술을 마시고 와서는 또 매일 아침 숙취로 고생을 한다우. 젊었을 적에는 숙취가 심해도 아침밥은 꼭 먹었는데 나이 들 먹으니 "영 안 들어가. 마실 거나 좀 내와!" 하는 게 아니겠수. 그래서 내가 씹지 않아도 되는 미소 된장국을 개발해냈다우! 한번 보시구라.

참마 미소 된장국

참마에는 식이 섬유가 많이 들어 있어서 위를 깨끗하게 만들어주지. 인간은 말이여, 내보낼 것만 잘 내보내면 건강하게 살 수 있다우. 나쁜 것이든 안 좋은 기억이든 그게 뭐든 간에 하여튼 쌓아두면 안 돼. 암, 그럼.

간 무 미소 된장국

디아스타아제라는 건 말이지, 위장을 깨끗하게 청소해주는 성분이라우. 우리 집 영감, 그 덕분에 올해도 무사히 건강 검진을 통과했지.

우유 생강 미소 된장국

생강에 함유된 성분인 진저론, 진저롤, 쇼가올 덕에 우리 영감도 나도 여태 몸이 후끈후끈하다우. 으응? 그래서 우리 부부가 언제까지나 러브러브인 거냐고? 어휴, 남세스럽게 못하는 소리가 없네!

그런데 말이지. 이 영감탱이가 가끔은 미소 된장국도 마시기 싫다고 할 때가 있다니까. 그럴 땐 뜨거운 물에 찻잎 대신 이런 걸 넣어준다우.

가다랑어 포

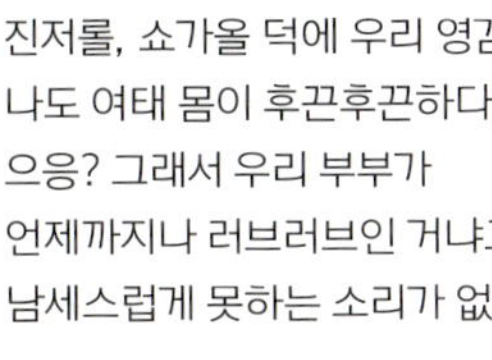

가다랑어 포에는 단백질이 많이 들어 있다고 하지 않수. 언제까지나 젊고 건강하게 살고 싶다면 많이 드시게. 국물이 우러났을 때 간장이나 소금으로 간을 하면 그 자체로 맛있는 장국이 된다우!

매실 장아찌

매실 장아찌에 들어 있는 구연산이라는 성분이 몸이 피곤할 때 쌓이는 유산을 분해해준다지. 요 시큼한 맛이 입 안을 깔끔하게 만들어주니 그것만으로도 기분이 좋아지지.

아보카도 배를 타고

아보카도는 바나나에 뒤지지 않을 만큼 영양가 높은 과일입니다.
바나나 한 개가 아침밥이 되는 것처럼 아보카도 반 개도 훌륭한
아침밥이 되지요. 바나나와 다른 점은 쉽게 맛에 변화를 줄 수
있다는 점입니다. 아보카도의 맛을 제대로 살려줄 정말 맛있는
재료들을 소개해드릴 테니 꼭 만들어보시길 바랍니다. 스푼으로
떠먹기만 하면 되니 설거짓거리도 확 줄어든답니다.

떠나자, 모험의 바다로!

우리 아보카도 항해단은 드디어
미지의 망망대해로 모험을 떠난다.
아직 알려지지 않은 생명체들과 아무도 보지 못한 풍경.
세계는 어마어마한 수수께끼로 가득 차 있다네.

폭풍우다!

항해 5일째, 결국 폭풍우와
마주치고 말았다. 이건 체력
싸움이 되겠어. 간장과 매실
장아찌를 싣고 오길 정말
잘했군. 땀을 많이 흘려 염분이
부족했는데 이제는 끄떡없다고!

다진 낫토+간장+유즈코쇼

매실 장아찌+가다랑어 포+간장

마요네즈+케첩+치즈

미지의 생명체를 만나다

드디어 신대륙이 보인다! 하지만 거기서 우리를 기다리고 있는 것은 말도 통하지 않는 미지의 생명체였다. 이 난관을 헤쳐갈 길이 전혀 보이지 않는군. 하지만 괜찮아. 우리에겐 마요네즈가 있으니까. 달걀의 단백질과 지방으로 이 난관을 헤쳐나가자!

명란젓+마요네즈

김치+마요네즈

보물 발견!

생명체와의 결투에서 승리하고
드디어 신대륙의 특산품을 손에
넣었다. 보시라, 이 반짝반짝 빛나는
식재료들을! 우리나라에서는 자라지
않는 것들이군. 이제 집으로 돌아가는
길도 두려울 게 없다네~

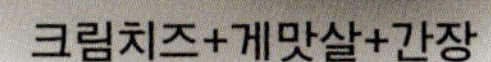

크림치즈+게맛살+간장

요거트+블루베리잼

온센 타마고+멘츠유+생강

뜨끈한 허브죽

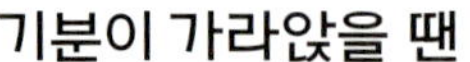

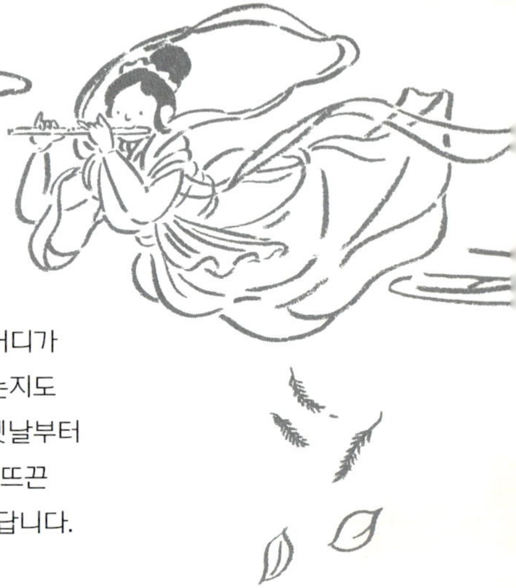

도무지 집 밖으로 나가고 싶지 않은 아침입니다. 특별히 어디가
아픈 것도 아닌데 말이지요. 그렇다면 원인은 마음에 있는지도
모릅니다. 다행히 우리에게는 허브가 있습니다. 허브는 옛날부터
사람들의 기분을 달래준 마법의 재료입니다. 허브가 뜨끈뜨끈
부드럽게 넘어가는 죽과 만나면 굳었던 마음까지 녹여준답니다.

후다닥
5 min

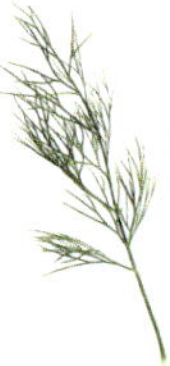

연어 플레이크와 레몬 버터죽

'딜'로 스트레스 해소

특별한 향기를 지닌 허브 딜은 진정 효과가
우수합니다. 딜과 잘 어울리는 레몬으로 향을
더해주세요. 이 향을 맡는 것만으로도 사르르
마음이 풀어질 거예요. 간은 버터와 소금,
후추로 깔끔하게.

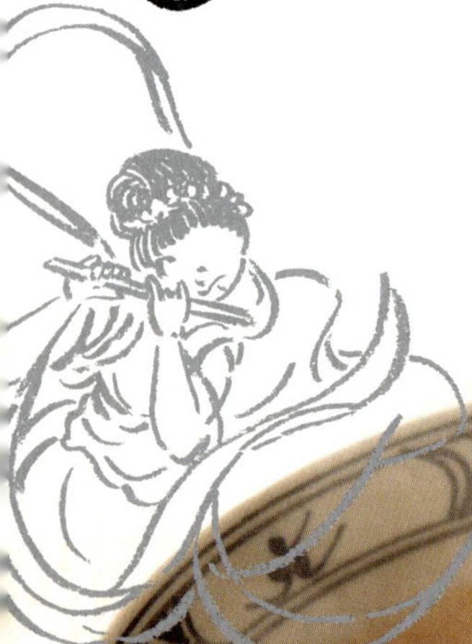

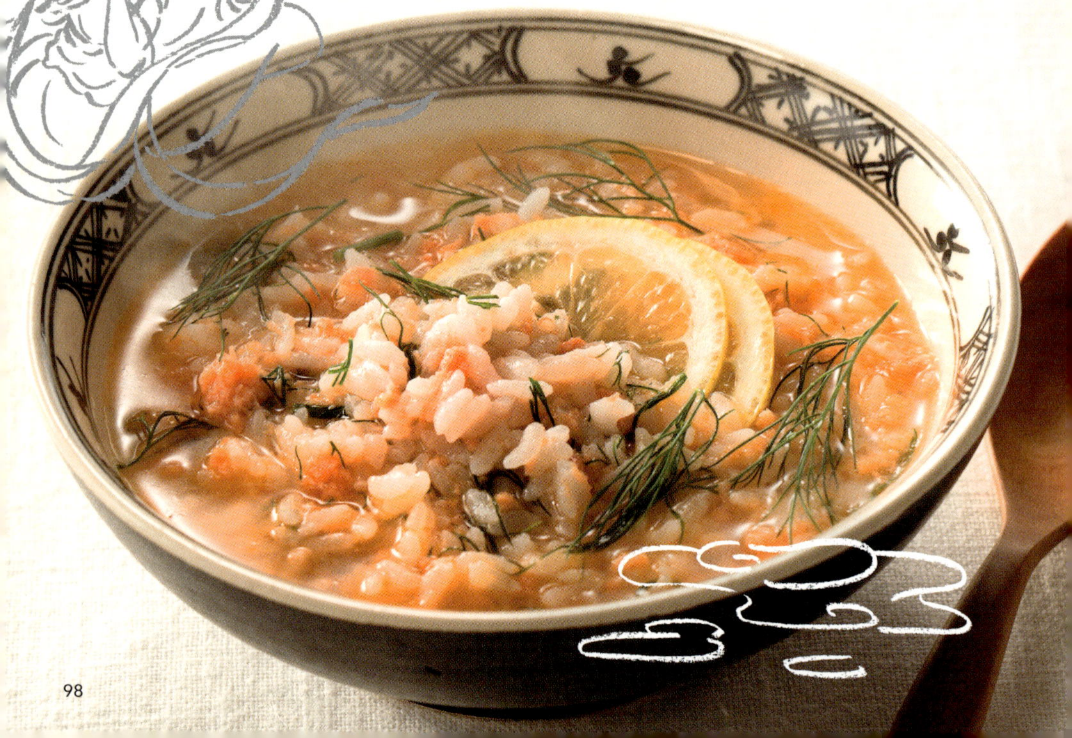

토마토와 이탈리안 치즈죽
'바질'로 기분 전환

편두통, 우울증 완화에 효능이 있는 바질.
토마토, 치즈와도 잘 어울려 기분까지
전환되는 맛을 내줄 거예요. 생햄을 다져
넣어도 맛있어요.

파프리카와 다진 고기 매콤죽
'민트'로 마음 안정

민트는 위장과 마음까지 안정시켜줍니다.
굴소스와 간장, 참기름으로 간을 하고 빨간
고추로 매콤함을 더해주세요. 입 안의
매콤함이 사라질 때쯤엔 술렁거리던 마음도
가라앉아 있을 거예요.

매실 장아찌와 고추냉이죽
'푸른 차조기 잎'으로
식욕 증진

식욕이 없을 때는 푸른 차조기 잎이죠. 여기에
매실 장아찌의 산미로 침을 분비시키고,
고추냉이로 입 안까지 깔끔하게 정리해주니
젓가락이 멈추지 않을 겁니다. 간은 멘츠유로
맞춰주세요.

저도 죽은 자주 만듭니다. '뭉뚱그려 끓인다'니 저에게 딱 어울리는 음식이잖아요? 그런데 신기하게도
죽에 허브를 넣으면 리조또로 변신한답니다. 그래서 누가 저녁에 뭘 먹을 거냐 물으면 무의식중에
'리조또'라고 대답해버리곤 합니다. 허브를 넣지 않을 때요? 음, 그래도 리조또라고 말해버릴지도.

낫토 날계란 밥

탄탄하고 건강한 몸 만들기에 빼놓을 수 없는 것이 바로
단백질입니다. 문제는 단백질을 섭취하기 위해 단백질뿐만 아니라
지방질이 많이 함유된 고기나 치즈를 주로 먹게 된다는 점이지요.
하지만 안심하셔도 좋습니다. 달걀과 낫토라면 지방 걱정 없이
양질의 단백질을 충분히 섭취할 수 있으니까요. 지금까지 '낫토
밥'이나' 날계란 밥'만 만들어 먹었다면 가끔은 사치스럽게 두
가지를 다 올려보는 건 어떨까요? 밥에 낫토부터 올리고 날계란을
얹는 타입과 날계란 밥 위에 낫토를 얹는 타입. 재료는 같지만
신기하게도 꽤 다른 느낌이랍니다. 맛있다는 점은 똑같지만요!

후다닥
3 min

낫토  백과사전

낫토는 언제 만들어졌나요?

야요이 시대(B.C. 4~A.D. 3세기경 지속된 일본의 농경시대)에는 이미 볏짚이 있었기 때문에 이때부터 낫토를 만들지 않았을까 추측하고 있습니다. 전통적으로 낫토는 삶은 대두를 볏짚으로 감싸 따뜻한 곳에서 발효시키니까요.

낫토는 잠들어 있다

낫토 균은 저온에서는 활발하게 움직이지 않습니다. 그래서 냉장고에서 꺼내자마자 바로 먹는 것보다 30분 정도 실온에 두어 낫토 균이 활발하게 활동하기 시작하면 먹는 것이 좋답니다.

낫토는 끈적끈적하잖아요. 공장에서 포장할 때 힘들지 않나요?

포장하는 것은 낫토가 되기 전 상태의 삶은 대두와 낫토 균이랍니다. 그러니 쉽게 포장할 수 있지요. 포장 후 팩 안에서 숙성을 거쳐 끈적끈적한 낫토가 완성되면 출하한답니다.

낫토도 썩는다

낫토는 발효 식품입니다. '발효'란 식재료에 균이 번식해도 사람이 먹을 수 있는 상태를 말합니다. 균이 번식해 사람이 먹을 수 없는 상태가 된 '부패'와는 다르지요. 낫토도 방치해두면 사람이 먹을 수 없는 균이 번식해 썩어버린답니다.

낫토를 먹으면 안 되는 사람들

청주를 만드는 장인들은 작업 기간 동안 낫토를 먹어서는 안 됩니다. 청주를 만드는 누룩 쌀에 낫토 균이 닿으면 누룩 균이 변질되어 맛있는 술을 만들 수 없기 때문이지요.

일본인 중에서도 낫토를 잘 못 먹는 사람이 있다던데?

교토와 오사카를 포함하는 간사이 지방은 바다와 인접해 옛날부터 신선한 식재료를 쉽게 손에 넣을 수 있었습니다. 그래서 낫토를 먹는 습관이 정착되지 않았다는 설이 있지요. 하지만 최근에는 낫토를 즐기는 사람들도 많아졌답니다.

낫토는 영어로 뭐라고 하나요?

일본 식문화가 해외에 널리 알려지면서 'Natto'라고 말해도 통하는 경우가 많아졌습니다. 모른다면 'fermented soybeans(발효한 대두)'라고 설명해주세요.

콩만 있으면 낫토를 만들 수 있다

삶은 대두에 낫토를 섞어 낫토 균이 번식하기 쉬운 환경(40℃)에 두면 이틀 정도 후 낫토가 만들어집니다. 단, 잡균이 섞이면 실패할 가능성도 있기 때문에 잘 알아본 다음 시도해보시길 바랍니다.

철분 더하기

철분은 몸의 기능을 조절해주는 영양소입니다. 그래서 철분이
부족하면 쉽게 피곤해지거나 피부가 거칠어지기도 하지요. 이왕
아침을 먹는다면 철분을 섭취하지 않을 이유가 없습니다. 하지만
철분이 풍부한 식재료는 붉은 고기나 바지락, 장어 같이 아침부터
먹기에는 부담스러운 것들이 많지요. 그래서 간단하게 철분을
섭취할 수 있는 식재료들을 준비해봤습니다.

철분의 일일 권장 섭취량은
일반 성인 기준 12mg이랍니다.

토스트의 방

제 이름은 철수. 주원료는 철(鐵)이에요. 단 한 번도 빈혈에 걸린 적이 없답니다.
자, 그럼 아침 식사의 정석 토스트부터 가볼까요. 철분을 가득 함유한
이 재료들은 요거트에 섞어 먹어도 맛있지요.

콩가루 7g

철분 0.6mg

흑설탕 9g

0.4mg

단팥 20g

0.3mg

샐러드의 방

그러고 보니 저는 두통이나 어지럼증을 느낀 적도 없군요.
샐러드에는 철분이 풍부한 견과류를 추천해요. 낫토도 좋지요. 조금씩 꾸준히
섭취하는 것이 제대로 영양을 보충하는 방법이랍니다.

낫토 30g

1.0mg

호두 10g

0.3mg

아몬드 10g

0.4mg

만능 채소의 방

자랑으로 들릴지 모르지만 저, 철수의 사전에 어깨 결림이나 요통 같은
단어는 없답니다. 마지막으로 어디에나 쓸 수 있는, 철분이 풍부한 채소들을
소개하지요. 수프에 넣거나 메인 요리에 곁들여도 좋답니다.

데친 시금치 20g

0.2mg

데친 소송채 20g

0.4mg

루꼴라 10g

0.2mg

콩가루와 흑설탕, 단팥을 잔뜩 올린 토스트에 낫토, 호두, 아몬드를 전부 넣은 루꼴라 샐러드.
마지막으로 마요네즈를 곁들인 데친 시금치와 소송채까지! 다 합치면 철분이 무려 3.8mg! 하루
권장량의 3분의 1이네요. 아, 계산하느라 머리를 썼더니 피곤하네.

후끈후끈 수프

추운 겨울날 아침, 겨우겨우 이불 속에서 빠져나온 당신. 하지만
넘어야 할 산이 하나 더 있지요. 네, 현관입니다. 살을 에는 추위도
견디게 해주는 것이 바로 이 수프입니다. 목도리, 장갑, 모자를
동원해 아무리 겉을 꽁꽁 싸맨다 해도 좀처럼 밖으로 나갈 용기가
나지 않죠. 하지만 몸속을 따뜻하게 데워두면 무서울 게 없답니다.

후다닥
5 min

두유 김치 수프

김치의 매콤함이 몸을 데워줍니다.

두유(1컵), 물(1/2컵)에 미소 된장(1큰술), 간장과
참기름(각 1작은술)을 섞어 불에 올립니다. 끓기 전
송송 썬 김치(70g)를 넣고 한소끔 끓이면 완성!

+ 부끄러운 과거 떠올리기

떠올리는 것만으로도 얼굴이
새빨개지는 부끄러운 과거.
누구에게나 하나쯤은 있기
마련이지요. 부끄러움으로 몸을
데웁시다.

겨자 오크라 미소 된장국

코가 알싸해지는 겨자의 매운맛이
교감신경을 자극해 체온이 올라갑니다.
잘게 썬 오크라(4개)를 물(1과 1/2컵)에
넣고 끓입니다. 끓어오르면 약불로
내리고 자른 미역(1작은술)을 넣은 다음
미소 된장(1큰술)을 풀어 넣고 그릇에 담아
겨자를 곁들입니다.

+ 운동하기

움직이면 몸이 따뜻해집니다.
당연한 이야기지만 말이죠.

몸을 데우는 방법

걸쭉한 계란 장국

걸쭉한 수프를 마시면 따끈함이
몸속에서 오래 지속됩니다.

물(1과 1/2컵), 굴소스(1큰술),
간장(1/2작은술), 두반장(1/4작은술)을 불
위에 올립니다. 얇게 썬 표고버섯(2개)을
넣고 끓어오르기 직전에 녹말 물(녹말,
물 각 1큰술)을 넣고 걸쭉하게 만들어줍니다.
끓어오르면 그릇에 풀어놓은 계란을 냄비에
둘러 넣고 10초 정도 기다렸다가 크게
저으면 됩니다.

+ 좋아하는 사람 떠올리기

상상만으로도 몸이 따뜻해질
수밖에 없겠지요?

떡의 역습!

'명절 음식'이란 고정관념 때문에 평소에는 좀처럼 먹지
않게 된, 어떤 의미에서는 불행한 운명을 타고난 떡. 하지만
든든함과 간편함은 물론 다양한 식재료와의 완벽한 궁합 그리고
쫀득쫀득한 식감까지 갖춘 슈퍼 푸드, 그것이 바로 떡이었다!
지금이야말로 떡의 진가를 보여줄 기회다!

프라이팬에 구워보자

칼집을 넣은 떡을 7~8분 정도 구우면 완성.
예열이 필요한 오븐 토스터보다 짧은 시간 안에 구울 수 있는 데다가
겉은 더 바삭바삭 속은 더 쫀득쫀득.

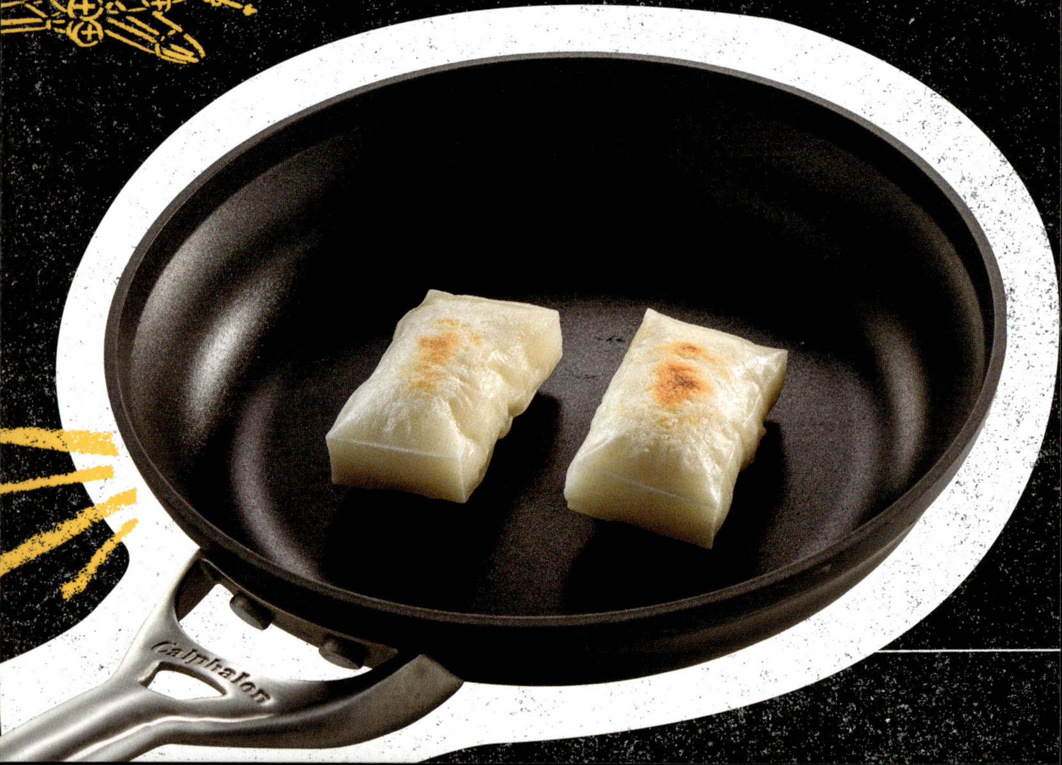

RICE CAKE WARS

EPISODE V

특정한 때 외에는 많은 이들로부터 멀어진 떡의 현실.
하지만 떡은 그 현실을 순순히 받아들이지 않았다.
달콤함, 짭짤함, 새콤함. 모든 맛에 어울리는 다재다능한 식재료,
떡은 호시탐탐 일 년 내내 식탁에 올라갈 날만을 기다려왔다.
때가 되었다. 지금이야말로 떡을 주식으로 삼을 날이다.
떡의 역습이 지금, 시작된다.

Syoyu Cheese Nori

간장+치즈+김

간장과 김에 치즈를 추가.
이 맛을 거부할 사람이 있을까?

Sato Joyu

설탕+간장

설탕, 간장이라는 말을 듣기만 해도
기분이 좋아지는 사람도 있을 테지. 솔솔
뿌려주는 시치미는 취향에 맡기는 걸로.

Negi Shio Goma·abura

파+소금+참기름

일본에서 생간을 먹을 수 있던 시절엔 꼭
이 기름장에 찍어 먹곤 했지. 지금은 생간을
먹을 수 없게 됐지만 떡에 뿌려 먹으면
그 맛을 완벽하게 느낄 수 있다고.

Shittori Goma·shio Sato

깨소금+설탕

미지근한 물에 담가
부드러워진 떡에. 깨소금과
설탕 뿌리기. 깨 경단이
떠오르는 맛!

아기자기 예쁜 아침밥

'꾸미기'는 그저 다른 사람에게 잘 보이기 위한 것이 아닙니다. 꾸미기는 다른 사람들의 시선보다도 자신의 마음에 큰 영향을 줍니다. 약간 신경을 쓴 것뿐인데 모양이 확 달라지면 기분이 좋아지지요. 기분이 좋아지면 신기하게도 여러 일들이 잘 풀립니다. 일이 잘 풀리면 자연히 사람들의 신뢰도 높아지기 마련이고요. 이처럼 꾸미기는 인생 그 자체를 좋은 방향으로 흘러가게 만드는 힘을 가지고 있습니다.

물론 억지로 노력할 필요는 없습니다. 매일 아침밥을 예쁘게 만들기 위해 노력하다 보면 금세 지치고 말 테니까요. 그저 냉장고에서 발견한 방울토마토를 살짝 활용해보는 것. 이런 소소한 시도가 기분 전환을 도와주기도 한답니다. 한껏 들뜬 마음으로 사진도 한 장 찰칵! 예쁜 아침밥과 함께 행복한 하루를 시작하세요.

예쁜 아침밥 전격 해부

SNS에는 작품 같은 아침밥 사진이 수없이 올라와 있습니다.
어떻게 하면 이런 귀엽고 예쁜 '작품'을 만들 수 있는지 궁금해지곤
하지요. 그런 궁금증에 답하기 위해 예쁜 아침밥을 낱낱이
살펴보았습니다. 타고난 센스는 필요하지 않습니다. 모든 것은
방정식으로 이루어지죠! 그저 약간의 비법을 더하는 것만으로도
'아니, 이걸 정말 내가 만들었단 말이야?' 하는 놀라움을 경험할 수
있답니다.

평평한 접시로 촬영 포인트를 늘린다

지름 24~26cm 정도의 평평한
접시가 캔버스로는 딱입니다.
움푹한 그릇보다 여러 각도에서
사진을 찍을 수 있기 때문이지요.
또 그릇 테두리가 좁을수록 더
풍성한 느낌을 준답니다.

반찬으로 고급스러운 느낌을

반찬 가짓수가 늘어나면 그만큼
고급스러운 느낌이 들지요. 메인
메뉴 사이사이에 자잘한 반찬들을
놓아 푸짐한 느낌을 더합니다.

과일과 요거트는 만능

맛있고 보기에도 예쁜 과일,
요거트 형제. 새하얀 요거트는
아침에 딱 어울리는 맑은 느낌을
주고, 과일의 색채는 생명력을
느끼게 해주지요. 간편하다는 점도
매력 포인트입니다.

그릇 위에 컵을 얹는다

카페나 잡지에서 본 적이 있지만
의외로 시도해본 적은 없는,
접시에 컵 올리기. 평평한 접시에
컵을 올리면 입체감이 생겨 시선을
당기는 포인트가 된답니다.

이것이 바로 플레이팅 방정식

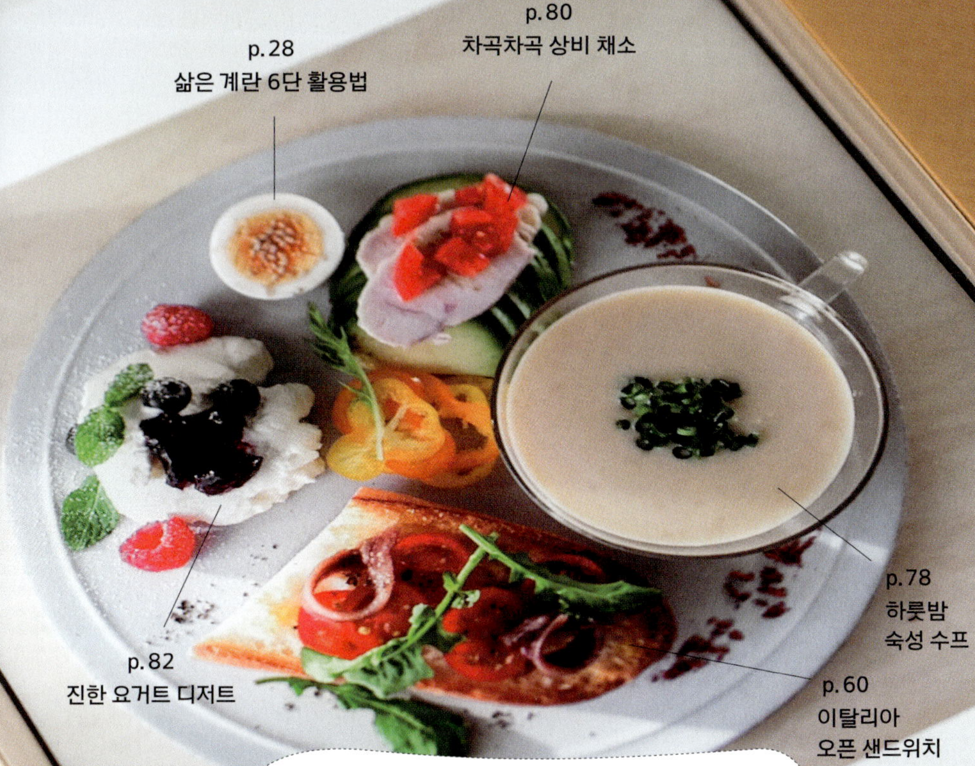

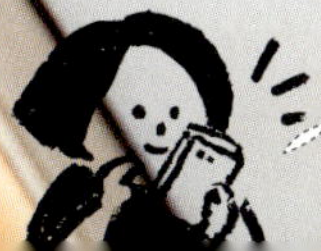

원 플레이트 레슨

원 플레이트(one plate) 아침밥은 보기에 예쁠 뿐만 아니라 설거짓거리도 줄어드는 위대한 아이템입니다. 원 플레이트 세팅은 이렇게 생각하면 간단합니다. 그릇은 캔버스, 음식은 물감이죠. 음식을 담는다는 건, 그릇이라는 캔버스 위에 알록달록한 그림을 그리는 것이랍니다.

쇼카도 도시락 스타일 

쇼카도 도시락(松花堂弁当)이란 사각 도시락 통을 여러 칸으로 나눠 반찬들이 섞이지 않도록 만든 도시락입니다. 먼저 머릿속으로 그릇의 구역을 나눈 다음 밥과 반찬을 하나씩 올립니다. 포인트는 각 구역의 경계선이 확실히 보이도록 틈을 두는 것. 가지런한 아름다움을 느낄 수 있답니다.

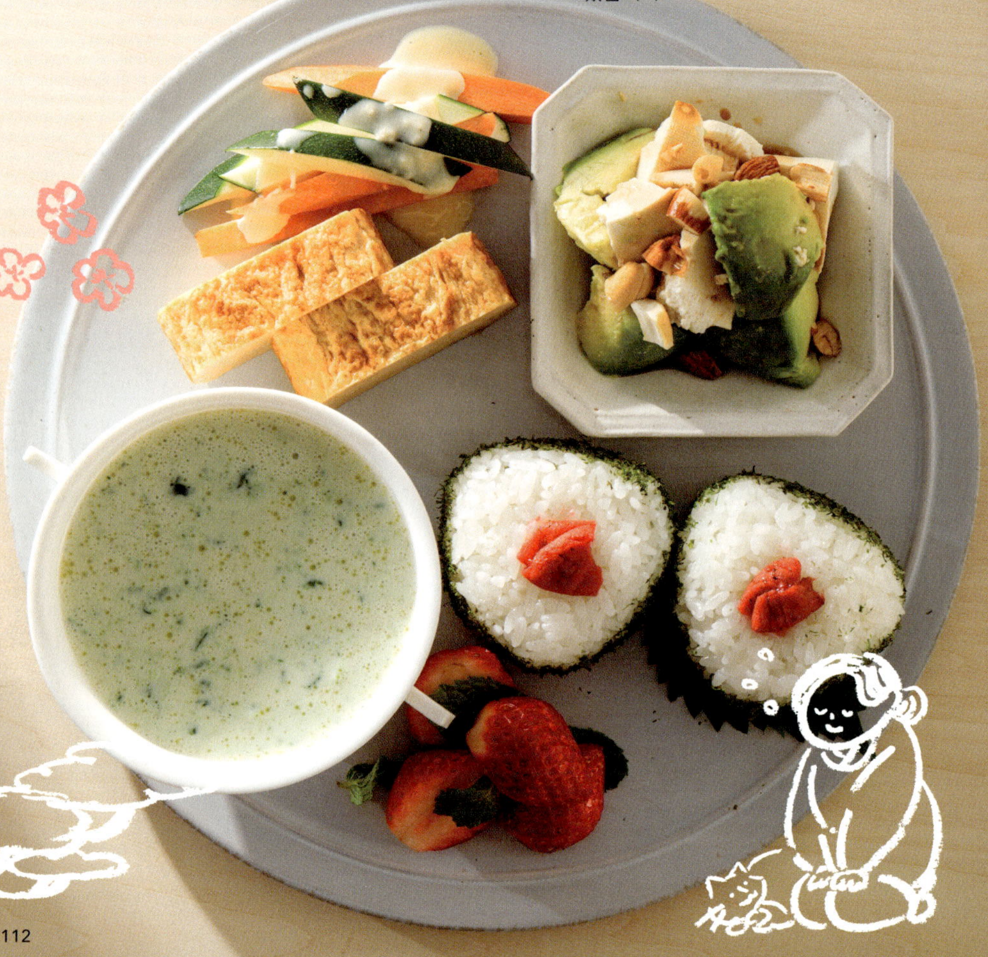

서양식 런치 스타일

서양에서는 메인 요리를 먼저 올리고 그
주변에 반찬을 곁들입니다. 반찬을 놓을
때는 일본 스타일과는 반대로 틈이 생기지
않게 촘촘히 올려주세요. 이렇게 하면 밀도
높고 풍성한 한 접시가 완성됩니다.

곁들이 샐러드 카탈로그

소박한 아침밥이라도 포인트 컬러를 살짝 넣어주면 놀랍게 변신! 포인트 컬러를 어떻게 넣어야 할지 모르겠다고요? 이렇게 하면 됩니다.

동그란 모양 그대로 올려버리면 재미가 없지요.

방울토마토 마리네

방울토마토를 반으로 자른 다음 올리브오일에 버무려 마리네로 만듭니다. 반으로 자르면 토마토의 붉은색에 그러데이션이 생겨 더 예쁘답니다.

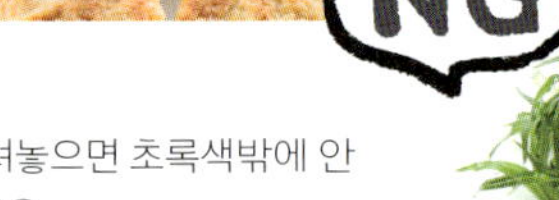

잔뜩 올려놓으면 초록색밖에 안 보인다고요.

잎채소는 두 줄기만

완성된 요리에 잎채소를 딱 두 줄기만 올려주세요. 아침밥에 초록색이 부족할 때 유용한 방법입니다.

파프리카가 지닌 예쁜 모양을 그대로 활용해주세요!

꽃 모양 파프리카

알이 작은 파프리카를 가로로 동그랗게 잘라 곁들입니다. 알록달록한 파프리카 꽃은 어떤 음식에 곁들여도 빛이 난답니다.

알록달록 추천 조합

양상추＋말린 과일

풍성하고 우아한 양상추 위로 말린 과일이 보석처럼
반짝입니다.

오이＋견과류 믹스

오이 껍질을 듬성듬성 벗기면 다양한 초록색이
드러나면서 경쾌한 느낌이 듭니다. 견과류의 개성
있는 모양도 활발한 느낌을 더해주지요.

브로콜리＋옥수수 통조림

옥수수의 발랄한 노란색과 브로콜리의 초록색이 뚜렷한
대비를 이루어 건강한 아침밥을 연출하고 싶을 때
딱이랍니다. 아이들도 좋아할 거예요.

어린잎 채소＋코티지치즈

어린잎 채소의 보송보송한 느낌이 아침밥을 풍성하게
만들어줍니다. 코티지치즈의 건강한 맛은 채소와 아주
잘 어울리고요.

그녀의 변신은 무죄

식빵

변화를 주기 쉽다는 점이 가장 큰 매력 포인트. 레이어를 주면 발랄함이 살아나고, 심플하게 올리면 무심한 느낌으로 연출할 수 있다. 매 시즌 머스트 해브 아이템, 식빵!

4등분

대담하게 자른 4등분 스타일. 그대로 올려놔도 좋지만 조금씩 겹치면 유혹적인 느낌을 줄 수 있다. 다양한 아이템과 매치 가능하다.

길게 썰기

스마트한 느낌을 주고 싶을 때는 이 방법을. 위에 올리는 아이템에 따라 경쾌한 느낌에서 진중한 느낌까지 소화 가능하다.

삼각 썰기

슈트 재킷에 꽂힌 행커치프에서 영감을 얻었다. 본래의 흰색을 살리는 코디도 좋지만 가끔은 구워 브라운을 베이스로 한 코디도 시도해보자.

9등분

정사각형으로 잘라 식빵의 가능성을 넓혔다. 수프에 포인트로 넣거나 시금치나 베이컨과 함께 볶아도 좋다.

빵 자르는 방법

바게트

딱딱하고 격식 있는 인상이 강해 어떻게 활용해야 할지 잘
모르는 사람이 많은 바게트. 하지만 오랜 역사를 거치며
만들어진 활용법은 셀 수 없을 정도.

둥근 모양

빵이 지니는 원래의 맛을 잘
이끌어낸다. 원형 컷은 어떤
아이템과도 잘 어울려 파티
스타일로도 매력적이다.

배 모양

빵집에서 종종 눈에 띄지만
실제로 도전하는 사람은 거의
없다. 지금이야말로 벽을 깨
부수고 과감히 자를 때!

하트 모양

프랑스 빵의 둥근 끝부분을
사선으로 자른 다음 그대로
반으로 잘라 펼치면 하트 모
양이 완성된다.

스틱 모양

바게트의 특징인 딱딱함을
살린 스타일. 딥 소스로 머리
부분을 장식하는 것이 요즘의
트렌드.

플레이팅을 즐기는 방법

플레이팅을 잘하는 가장 좋은 방법은 바로 즐기는 것입니다.
보기만 해도 즐거워지는 아이템들을 소개하려고 합니다.
이 아이템들을 사용한다고 당장 큰 효과가 나타날지 모르지만
거듭 사용할수록 즐거운 기분은 배로 늘어나는 법. 게다가 쓰면
쓸수록 플레이팅 실력을 키울 수 있답니다.

여러모로 편리한 코스터

코스터는 의외로 도움이 되는 포인트
아이템입니다. 수프를 컵에 담았을
뿐인데도 아래에 코스터를 깔면 제대로
된 요리 같아 보이지요. 또 코스터를
깔면 컵의 자리가 생겨 식탁의 차림새도
깔끔하게 정돈됩니다.

다리 달린 유리잔

다리가 달린 유리잔은 평범한 유리잔보다
고급스러운 느낌을 줍니다. 애피타이저나
샐러드, 채소 스틱을 담을 수도 있어요.
다리가 달린 유리잔에 샐러드를 담으면
채소가 반짝반짝 빛난답니다.

요일별 컬러 정하기

아침에 색을 고르면 뇌가 자극되어
멍한 머리가 맑아집니다. '슬슬 지치기
시작하는 수요일에는 정열의 빨강!'
이런 식으로 자신만의 리듬을 정해보세요.

럭키 스틱 만들기

이쑤시개에 마스킹 테이프를 붙여
만드는 깃발. 그릇이나 매트를 바꾸는 건
평면적인 즐거움이지만 깃발을 꽂는 것은
입체적인 즐거움이랍니다. 3차원으로
플레이팅을 하면 식탁의 분위기가 확
살아나지요. 빵 위에 그냥 꽂기만 하면
된답니다.

채소나 과일 모양내기

모양을 바꾸는 것만으로도 채소는
순식간에 귀여워지고 아침밥을 만드는
일이 한층 즐거워질 거예요. 우선 모양
틀을 한 개만 구입해보세요. 이 매력에
빠지면 모양 틀을 사 모으는 자신을
발견하게 될지도.

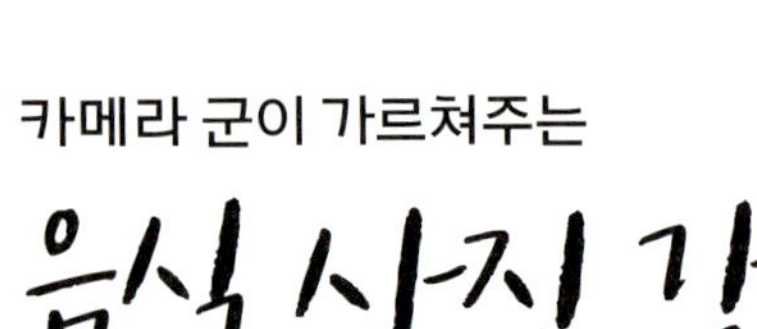

음식 사진 강좌

먼저 이 사진을 봐줘.

도대체 뭐가 문제인 걸까? 잘 모르겠다고? 괜찮아.
그럼 다음 사진을 함께 살펴볼까?

어때? 시점을 조금 내려서
찍기만 해도 사진에 박력이
생기지. 눈앞의 메인 요리에
초점을 맞추는 것이 포인트야.

세로로 찍으면서 메인 요리를 완벽한 주연으로
만들어주는 것도 방법이야. 이렇게 사진
윗부분에 여백을 주면 사진에 깊이가 더해지지.

어떤 사진이든지 '편안한 자세로 찍지 않는 것'이 가장 중요해.
스스로 불편하다고 느끼는 자세가 아니면
좋은 사진이 나오지 않는다는 거, 꼭 기억해.

알아두면 좋은 사진 찍기 팁

실내는 충분히 밝은데 요리가 어둡게 찍힌다면
키친타월을 활용해봐. 키친타월을 반사판처럼 이용하는 거지.
생각보다 효과 만점이라고.

위에서 찍을 때

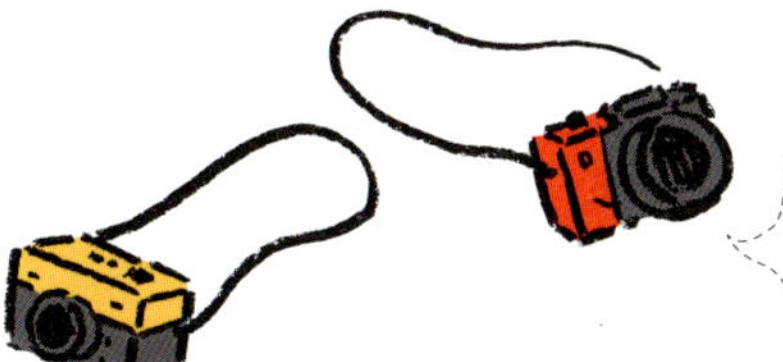

내가 지금까지 소개한 방법은 기본 중의 기본에 불과해.
사진의 세계는 훨씬 더 심오하지. 먼저 이 방법들로 첫발을 떼고
충분히 시행착오를 거쳐보라고.

메시지 아침밥

아침에 집을 나서기 전, 당신은 어떤 표정을 짓고 있나요?
무표정인가요 아니면 미간에 주름이 잡혀 있나요? '메시지
아침밥'은 당신의 입꼬리를 살짝 올려주는, 작은 응원입니다.
미소로 하루를 시작한 날에는 어떤 괴로운 일도 굳세게
극복할 수 있을 거예요.

요거트 아트

넓적한 그릇에 요거트를 담고 잼이나 과일로
그림을 그려보세요. 어려운 그림을 그릴
필요는 없어요. 간단한 그림만으로도 분명
미소가 피어나게 될 거예요.

우울해하는
가족 또는 나 자신에게

시험을 앞둔 아이에게

식감으로 고르는 아침밥

아침 메뉴를 정하는 기준은
무엇인가요? 간편함, 맛
혹은 영양? 사람마다
다양한 기준이 있겠지요.
예를 들어 이런 기준은
어떨까요?

볼륨 만점 샐러드 p.88

샐러드 미소 된장국 p.90

식감깡패 소시지 p.32

별세계 핫 샌드위치 p.20

잉글리시 머핀 달력 p.26

크래커니까! p.56

일식 오픈 샌드위치 p.58

파이처럼, 크루아상 p.64

채소 스틱 p.52

아침밥,
먹을 수 있는 희망

하루를 시작하며 먹는 아침밥. 많은 사람들이 아침밥의 중요성을 알고는 있을 거예요.

"아침밥은 꼭 챙겨 먹어."

누구에게나 한 번쯤 이런 잔소리를 들은 기억이 있을 겁니다. 하지만 의무적으로 아침밥을 먹는다면 그것만큼 아까운 일이 또 있을까요.

아침밥은 '먹을 수 있는 희망'인걸요. 식사는 우리 몸뿐만 아니라 마음도 채워준답니다. 만약 하루를 '즐거워' '맛있다!'로 시작한다면 그날은 어떻게 달라질까요? 그리 큰 변화가 일어나지 않을지도 모르지만 작은 변화, 작은 행복이 분명 당신 곁으로 찾아올 겁니다. 그 작은 행복이 매일매일 조금씩 쌓이면 어떻게 될까요?

자, 한 손에는 포크를 다른 한 손에는 스푼을 들고 오늘 하루를 버티게
해줄 '힘'을 나에게 선물합시다. 당신이 지금 입에 넣으려 하고 있는 아침
밥은 '식사'의 모습을 한 '희망'이니까요.

그럼 오늘도 잘 먹겠습니다!

귀차니스트 즈보라의 아침밥

요리 바보도 OK!

1판 1쇄 인쇄 | 2017년 7월 20일
1판 1쇄 발행 | 2017년 8월 1일

요리 오다 마키코
글 오노 마사토
번역 최유진

펴낸이 송영만
편집 엄초롱, 정예인, 김미란
마케팅 조경아, 권슬기
디자인 자문 최웅림

펴낸곳 효형출판
출판등록 1994년 9월 16일 제406-2003-031호

주소 10881 경기도 파주시 회동길 125-11
전자우편 info@hyohyung.co.kr
홈페이지 www.hyohyung.co.kr
전화 031 955 7600 | **팩스** 031 955 7610

ISBN 978-89-5872-154-3 14590
　　　978-89-5872-152-9 14590 (세트)
이 책에 실린 글과 사진은 효형출판의 허락 없이 옮겨 쓸 수 없습니다.
값 12,800원

이 도서의 국립중앙도서관 출판예정도서목록(CIP)은 서지정보유통지원시스템 홈페이지(http://seoji.nl.go.kr)와 국가자료공동목록시스템(http://www.nl.go.kr/kolisnet)에서 이용하실 수 있습니다.(CIP제어번호: CIP2017015668)

아리따 서체를 사용하였습니다.

ズボラーさんのたのしい朝ごはん
Original Japanese title: ZUBORA SAN NO TANOSHI ASA GOHAN
ⓒ 2016 by Makiko Oda, Masato Ono
Original Japanese edition published by Bunkyosha Co., Ltd. Korean translation rights arranged with Bunkyosha Co., Ltd.
through The English Agency (Japan) Ltd. and Eric Yang Agency, Inc.

오다 마키코(小田真規子)

요리 연구가이자 영양사. '스튜디오 넛츠' 운영 외에도 중학교 가정 교과서 제작 및 감수를 맡는 등 폭넓게 활동하고 있다. '누구나 쉽게 만들 수 있고 건강에도 좋은 간단 요리'를 주제로 약 90권의 책을 썼다. 대표 저서로 『요리의 기본 연습편』 『칭찬을 부르는 레시피』 등이 있으며, 본 시리즈 1권인 『후다닥 아침 레시피』는 2016 요리 레시피북 대상 in Japan에서 준대상을 수상했다.

오노 마사토(大野正人)

문필가이자 동화 작가. 논리적이면서도 깊이 있는 시선으로 누구나 쉽게 읽을 수 있는 글을 쓴다. 집필한 책의 누계 판매 부수가 250만 부를 넘어섰다. 저서로 『마음의 신비 왜 어째서』 『꿈은 왜 이루어지지 않나요』 『생명은 왜 중요한가요』 등이 있다.

최유진

서울여대 국어국문학과를 졸업하고 이화여대 통역번역대학원 석사과정을 밟고 있다. 번역서로 『후다닥 아침 레시피』가 있다.

AD 三木俊一
디자인 中村妙(文京図案室)
일러스트 仲島綾乃
촬영 志津野裕計, 大湊有生,
　　　石橋瑠美(クラッカースタジオ)
스타일링 本郷由紀子
조리 직원 清野絢子,
　　　長谷川舞乃(スタジオナッツ)
촬영 자문 志津野裕計
교정 株式会社文字工房燦光
편집 谷綾子
발행인 山本周嗣
발행처 株式会社 文響社